最終結論

# 「発酵食品」の奇跡



小
TAKEO KOIZUMI

文藝春秋

アケビの熟れずし（7P）広義の熟れずしは「魚介や獣肉、野菜を飯と共に漬け、重石をして数日から数ヶ月、あるいは数年間も乳酸発酵させた保存食品」である。このアケビの熟れずしは、山葡萄の実と皮、果汁を飯に練り込んでアケビの皮に詰め、それを漬け桶に積み重ねていって、上から重石をかけて3ヶ月発酵させた保存食品である。アケビと山葡萄を使うこと、無塩下でも腐敗させずに発酵食品をつくり上げることなどは、新奇の熟れずしと考えてよい。野菜不足になりがちな雪の多い冬期に、ビタミン類を蓄積させたこの発酵食品は、知恵の金字塔である。

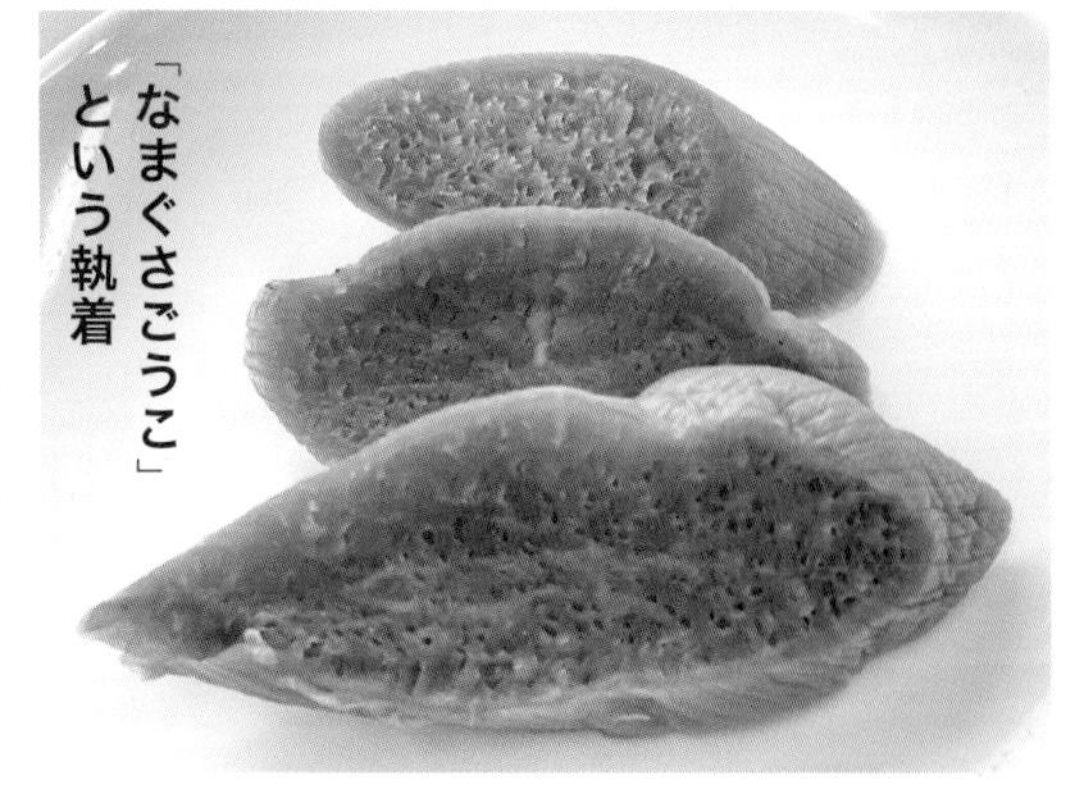


なまぐさごうこ（29P）魚のうま味を持ち、焼いて食べる「なまぐさごうこ」という大根漬けは驚異の発酵食品である。多量のイワシを食塩の存在下で3年間発酵させて塩辛状の塩魚汁をつくり、その汁の中に今度は干した大根を漬け込んで2年間発酵させる。それを焼いて食べると、大根漬けは焼いたイワシの味がして、数切れで何杯ものご飯が食べられる。焼いて食べる漬物だけでも珍奇だが、それにイワシの味が付いているのだから驚かぬわけにはいかない。それも、食べるまでに5年もかけて、二度の発酵（塩魚汁と大根漬け）をしてやっと仕上がるというのだから究極のスローフード、悠久の発酵食品である。

## 「紙餅」という賢食

紙餅（45P）江戸時代中期（明和元年）の『料理珍味集』に、紙餅（目くり餅）というのが出てくる。そこには、「使って古くなった障子紙などは捨てないで、よく汚れを落とした後、味付けに味噌を加え、それを葛で固め、丸めて干しておく。その紙餅を時々、汁の実にして食べれば、年中病気は防げる」とある。紙餅の主成分は繊維（パルプ）であることを考えると、江戸時代の人たちも、繊維食品は整腸作用を持ち、快便は健康のもとだと体験的に知っていて、意識的にこの紙餅をつくって食べ、医食同源を実践していたのであろう。

## 「毒消し」という奇跡

フグの子の糠漬け（65P）フグの卵巣には、青酸カリの850倍という毒性の強い猛毒テトロドトキシンが含まれている。従ってそれを食べたら死に至ることは当然であるが、このフグの卵巣の糠漬けにはテトロドトキシンが無い。糠みその中に長期間漬け込んで秘伝の発酵を行うと、毒が抜けてしまうのである。だから安全なので、この写真の糠漬けは石川県白山市で売られているものである。食べてもとても美味しい。私はこのように毒の消える発酵現象を「解毒発酵」と名付けた。発酵微生物は超能力を持っていて、発酵はマジックでもあるのだ。

フグの子糠漬け中の桶（68P）発酵の最後の頃になると、漬け桶が美しい赤色になってくる。桶の外に滲み出てきた高濃度の食塩に、好塩性赤色酵母ロッド・トルラが繁殖したのだろう。

「豆味噌」という異才

豆味噌（87P）味噌を原料で分類すると「米味噌」、「麦味噌」、「豆味噌」の三種に分けることができる。この中で「豆味噌」は、とても個性の強い味噌で、味が濃く、色が濃く、そして栄養分に至っては牛肉の汁にも匹敵するほどのスタミナ食なのである。そのため徳川家康は、強い兵隊をつくるため、三河の地から豆味噌を出さなかったとも言われている。豆味噌は蒸煮した大豆に麹菌を増殖させた大豆麹に、食塩だけを加えて発酵させた味噌のことで、三河を中心に東海地区に陸封された不思議な味噌なのである（写真提供：愛知県豊田市野田味噌商店）。

## 「メコン流域」という牙城

メコン川の魚のぶつ切りを発酵させたもの（95P）
メコン川は中国のチベット高原に源流を発し、ミャンマー、ラオス、タイ、カンボジア、ベトナムの東南アジア5ヶ国を流れる総延長4350キロメートルの大河である。この川の特徴は魚介類が実に豊かなことで、生息する魚種は1200種以上、商業取引されている魚は180種以上。世界の大河の中でも一平方キロメートル当たりの淡水魚漁獲量は世界一とされ、沿岸民族は魚を食料として重要なタンパク源としている。そのため魚を保存したり、嗜好のためにつくられる発酵食品は非常に多く、またつくり方も独創的である。写真はメコン川の魚のぶつ切りを塩水で発酵させたもので、この後、魚は煮たり揚げたりして食べ、汁は濾して魚醤として利用する（ミャンマーの自由市場で）。

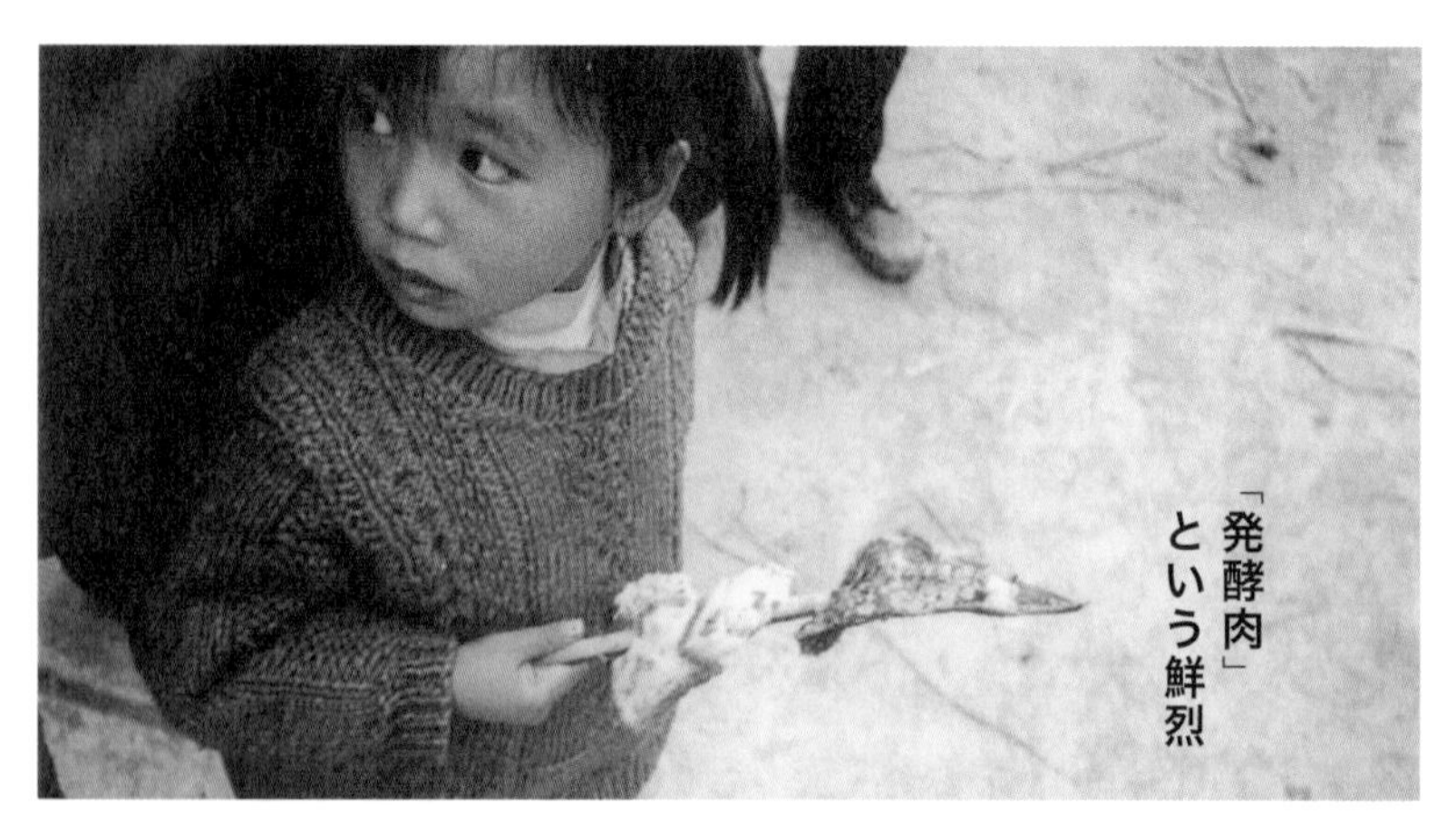

## 「発酵肉」という鮮烈

10年間発酵させた豚肉の熟れずし（127P）発酵した肉は意外にも身近なところにある。例えば生ハムには長期間発酵と熟成を行って酸味を付与したものや、ソーセージには白カビを全面に密生させたドライソーセージなどがある。ところがそのような一般的な発酵肉とは異なり、この広い地球上には驚くべき知恵を宿した感動的な発酵肉も存在するのである。例えば酷寒の北極圏には、発酵微生物など存在しないだろうと考えられていたのに、そこにはアザラシの腹の中にウミツバメを大量に詰め込んで3年もの間発酵させた肉があった。写真は中国のトン族の村の子供が持っている豚肉の熟鮓で、これが何と10年間も発酵させた保存食であった（中国の広西壮族自治区で）。

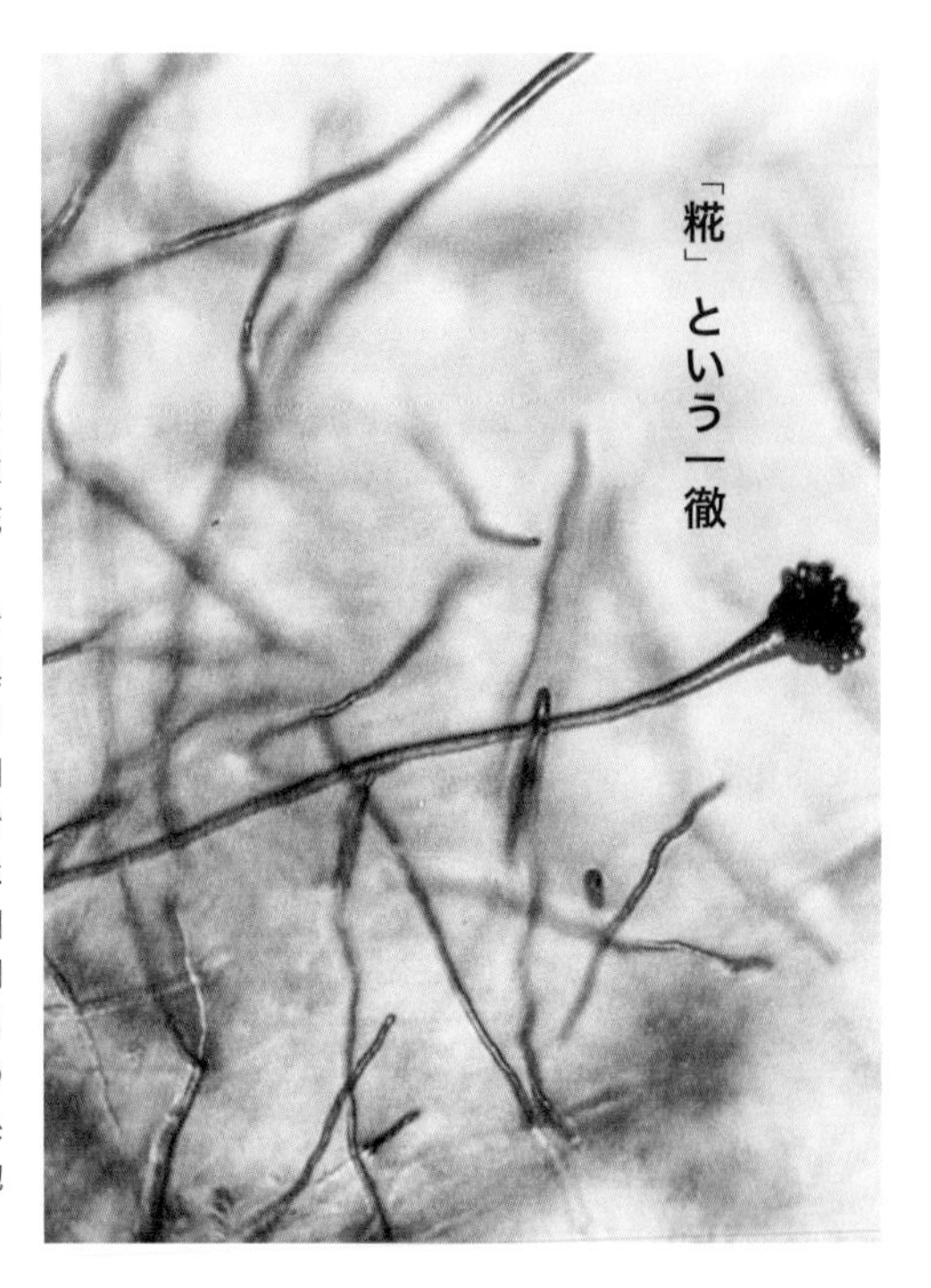

## 「糀」という一徹

糀菌（141P）糀は蒸した米や麦、大豆といった穀物に糀菌を繁殖させたもので、これがあると我が国独自の発酵嗜好品を醸すことができる。この糀菌は日本にだけ二種生息していて、そのひとつが黄糀菌で日本酒、味噌、醤油、米酢、味醂、甘酒などをつくることができ、いま一方は沖縄に生息する黒糀菌で、焼酎をつくることができる。それゆえに糀菌は日本が「国菌」と指定している発酵菌なのである。日本を含め世界の国々には「国鳥」や「国花」、「国樹」、「国蝶」、「国魚」などを決めている例が多いが、「国菌」を指定しているのは日本だけである。写真はその糀菌が繁殖している様子で、菌糸の先端に付いている小さな球が胞子の集まり。

## 「乳の酒」という珍奇

乳酒蒸留酒（149P）酒の原料は穀物（米や麦、トウモロコシなど）、根茎（サツマイモやジャガイモなど）、果実（ブドウやリンゴなど）などさまざまあるが、動物の乳を原料とする酒はこの地球上では稀少中の稀である。それはなぜかというと、動物の乳に含まれている糖は乳糖という成分で、この糖を発酵してアルコールをつくれる酵母はほとんどいないからである。しかし例外もあって、モンゴルのような大草原地帯には乳糖を発酵してアルコールをつくる酵母が稀に生息している。写真は牛乳を発酵して乳酒をつくり、それを蒸留した乳酒蒸留酒で、大量の牛乳からほんの少ししかとれない貴重な酒である（中国内モンゴル自治区ハイラル市で）。

ホンオ・フェ（157P）日本には伊豆の島々にある「クサヤ」や滋賀県の「鮒ずし」、和歌山県の「紀州熟鮓」など見事に臭みの強い魚の発酵食品がある。ところが、それらの比ではないほど猛烈な臭みを持った魚の発酵食品が海外にはある。写真は韓国の鱏（エイ）の発酵食品「ホンオ・フェ」で、この切り分けた刺身ひと切れを口に入れて噛み深呼吸してみると、「瞬息で鼻孔からアンモニア臭を主体とする猛烈な臭みが抜けてきて、100人中98人が気絶寸前、2人が死亡寸前になる」と韓国の料理案内書に書かれている。実際私も何度か試したが、その表現はまんざら大袈裟ではなく本当に近いものであった。

40年漬けた鯉の熟れずし（185P）発酵すると腐りにくくなるので、冷蔵庫のなかった時代は発酵して保存した。煮た大豆は直ぐ腐るが、納豆にすればかなりもつ。牛乳も直ぐ腐るがヨーグルトやチーズにすると腐りにくいことなどはその例である。私はグルジア（今はジョージア）でナポレオン戦争時代につくられたチーズに出合ったことがある。写真は中国のコイ（鯉）の熟鮓で、つくって40年経ったものであるが、あたかもまだ生きているかのような姿をしている。これを薄く切って食べてみると、その風味は硬質のチーズに酷似していた。日本の和歌山県新宮市の料理屋では、今も30年間発酵したサンマの熟鮓がある。かくも発酵食品は悠久の浪漫を持った知恵の食べものなのである。

発酵トウガラシの中で発酵させる発酵豆腐（197P）豆腐を発酵させて、美味しく、そして巧みに料理して食べてしまうのは中国である。日本が発酵王国だと言っても、この豆腐の分野では足元にも及ばない。カビで発酵させてカマンベールチーズのようなものもつくるし、特殊な細菌で発酵させて強烈な臭みを付けたものもあるし、油で揚げると俄然食欲をそそってくる発酵豆腐もある。写真は中国の貴州省凱里市の自由市場で発酵トウガラシ（上の四角い箱に入っているもの）を調査しているとき、付いていた箆でそれをかき混ぜていると、何かゴロゴロと当たるものがあり、一体何だろうと掘り出してみると、何とそれは小さく切った豆腐であった（下）。すなわち発酵トウガラシの中で発酵させる発酵豆腐。頭がいい。

「発酵豆腐」という出色

「塩辛」という秀逸

鮭の腎臓の塩辛「メフン」（215P）日本人は世界の民族の中で、最も魚介類を食べる魚食民族である。そのため魚の食べ方にも昔から知恵と工夫が織り込められてきて、内臓や粗までとことん食べ尽くしてしまう手法を持っている。その技法のひとつが塩辛という発酵手段である。正確に数えた人はいないだろうが、おそらく食べている魚介の種類から推定すると200種類の塩辛は食べられているであろう。写真は北海道のサケ（鮭）の腎臓を使った「メフン」という塩辛をほぐしたものである。サケの中骨に添って張り付いている黒くて長い帯のような腎臓を塩漬けにして発酵させたものであるが、これがまたご飯のおかずにしても酒の肴にして秀逸な珍品なのである。

# 最終結論　「発酵食品」の奇跡

目次

装丁　城井文平

# 前口上

私は発酵学者である。「発酵」とは、目にも見ることのできない微細な生きものである微生物の生命現象を利用して酒類や味噌、醬油、麴、酢、納豆、漬物、チーズ、ヨーグルト、熟鮓（なれずし）、クサヤ、鰹節、塩辛、魚醬などの伝統的食べものをつくることである。また、このような微生物の力を応用してさまざまな医薬品や化学製品（抗生物質、抗ガン剤、ビタミン類、アルコール類、アミノ酸類、酵素類、有機酸類など）をつくること、さらには環境浄化（生ゴミの堆肥（コンポスト）化や汚水の浄化など）や無公害エネルギー（メタンや水素の発酵生産、バイオマスなど）、染料製造なども発酵の分野に入っている。

さて、私はこれまで、専門分野である発酵についてさまざまな調査、研究をしてきたのであるが、そこには不思議な話や奇妙な現象、不可解な謎が常に付きまとっていることに気付いた。そこで、それらの不可思議を解き明かすために、実際にその発酵の現場に入って調査をしてきた。以下にその実地検証の状況と、そこで得られた知見を述べることにする。そこからは、発酵を通して人間の知恵と発想がいかに深いものであるかを読み取ることができるのである。

第 1 章

# 「アケビの熟れずし」という新奇

広義の熟れずしは「魚介や獣肉、野菜を飯と共に漬け、重石をして数日から数ヶ月、あるいは数年間も乳酸発酵させた保存食品」である。このアケビの熟れずしは、山葡萄の実と皮、果汁を飯に練り込んでアケビの皮に詰め、それを漬け桶に積み重ねていって、上から重石をかけて三ヶ月発酵させた保存食品である。アケビと山葡萄を使うこと、無塩下でも腐敗させずに発酵食品をつくり上げることなどは、新奇の熟れずしと考えてよい。野菜不足になりがちな雪の多い冬期に、ビタミン類を蓄積させたこの発酵食品は、知恵の金字塔である。

## 熟れずしの定義とは

ある秋の日であった。青森県の有力紙である東奥日報社文化部のベテラン編集委員である吉田徳寿氏から実に興味深い電話がかかってきた。私はその当時、東奥日報社主催の文化講演会をシリーズで受け持っていて、青森市や八戸市、弘前市などで講演をしていた。その関係で吉田氏と親しく付き合っていたのである。

「ああ、先生だかや、東奥の吉田です。あのちょごっと聞くんだども熟(な)れずしちゅうのは魚と飯(いい)だげで発酵させせんだべが？」

「ああ徳寿さん、この間はどうも。その熟れずしだけど、近江の鮒(ふな)ずしも紀州のサンマやサバの熟れずしも炊いた飯(めし)と共に漬け込んでますよ。それから中国の雲南省あたりへ行くと豚肉の熟れずしなんていうのもあります」

「そだが。魚と飯と共に漬けねど熟れずしっては言わねんだべが？　つまりだがね、熟れずしの定義みでのを知りたいんだがね」

「魚や肉を使わなくても、別の材料を飯と共に発酵させ、上から重石(おもし)で押して長い間発酵させたものであれば、それは熟れずしと言えますね。だけどそんな熟れずしと出合ったことないし、も

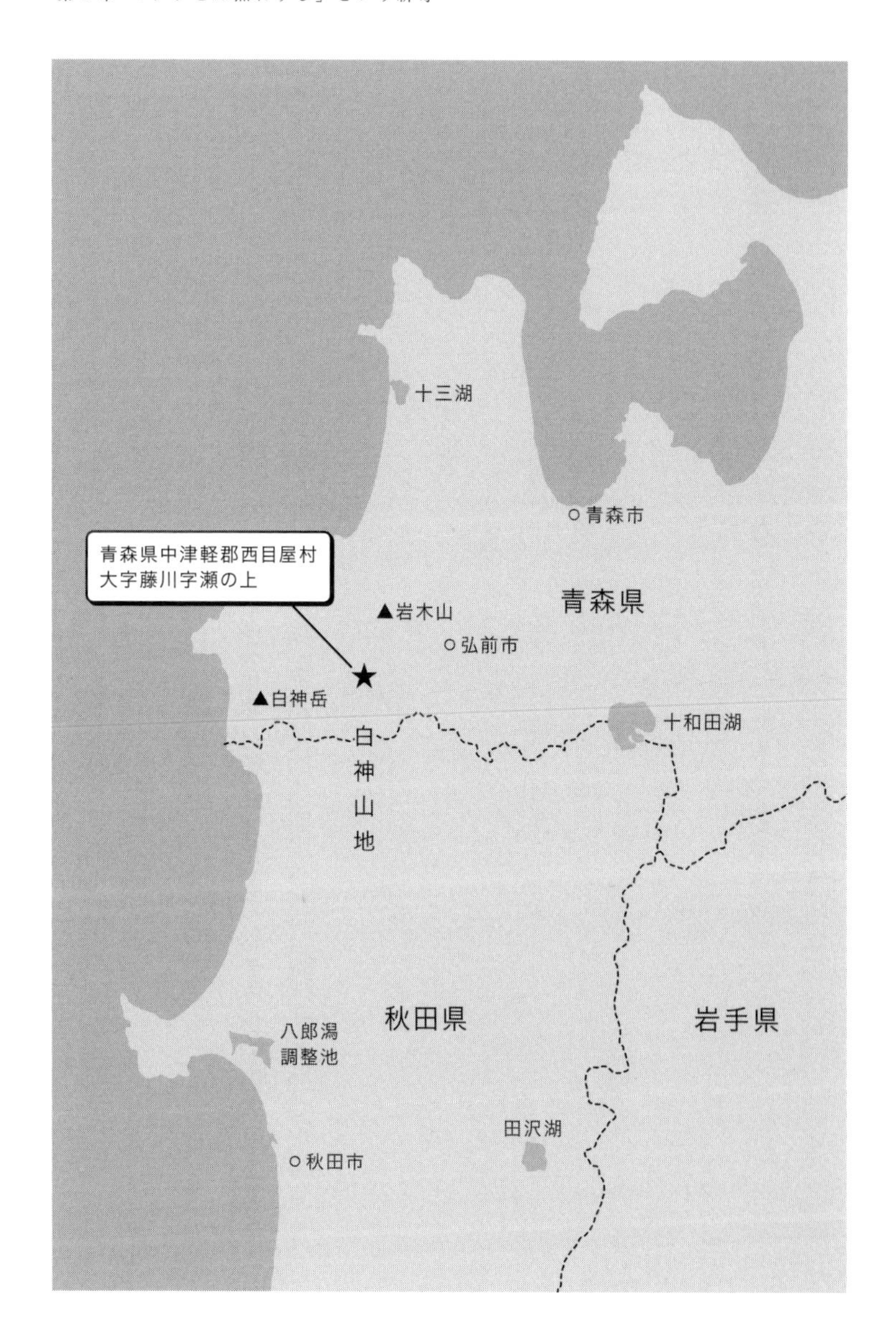
十三湖
青森市
青森県中津軽郡西目屋村
大字藤川字瀬の上
青森県
▲岩木山
○弘前市
▲白神岳
十和田湖
白
神
山
地
八郎潟
調整池
秋田県
岩手県
田沢湖
○秋田市

しそんなのがあったら、それこそ熟れずしの新種みたいなもので新発見ということになりますよ」

「そが、そが。今電話したのは青森県と秋田県にまだがってるすらがみ（白神）山地の山の中でさ、生活してる老夫婦が、とでも珍しい発酵食品つぐってるのを俺の友人ハンターがめっけてきてね、それが山がらとってきたアゲビ（あけび＝木通）とやまぶんど（山葡萄）を飯と一緒に漬け込んで発酵させてんだっていうんだわ。これだどアゲビとやまぶんどの熟れずしって言えるんだべが？」

私は、吉田さんの話を聞いてびっくりした。今までそんな熟れずしなど聞いたことはないし、話が本当なら、熟れずしの新種発見だと思った。

「徳寿さん、それは大変珍しいものだし、内容が学術的にも貴重なことなので、私が現地に行って検証し、もしそれが新種の熟れずしなら堂々と新聞で発表すればいいのではないでしょうか」

「そだが、発酵学者がこっちに来てくれで調べでもらえれば、それごそ助かるわい。でいづ来れるんだべ」

「今すぐに飛んで行って見たい気持ちなので、都合つけて二、三日中に行くようにしますよ」

「**山葡萄とアゲビっこ、こんなにのそらっととっちゃ**」

こうして私は、その電話があった二日後、青森に飛んだ。朝一番の羽田発七時五五分に乗り、青森には九時二〇分に着いた。空港には吉田さんとハンターの三浦康市さんが出迎えてくれた。三浦さんは青森県弘前市郊外でリンゴ農家を営んでおり、暇を見ては雉(きじ)や鴨(かも)の狩猟を趣味で行っているという。吉田さんとは取材をきっかけに知り合いとなり、今は時々三浦さんの獲物を肴に談笑風発をしている仲間だという。年齢は四十五歳半ばである。私たち三人はベテラン運転手が運転する新聞社の取材用四駆パジェロに乗って白神山地へと向かった。三浦さんの話だと、目的地までは途中休憩を入れて三時間ほどかかるということだった。

白神山地は青森県の南西部から秋田県北西部にかけて一三万ヘクタールにも及ぶ標高一〇〇〇メートル前後の山地で、そこには人の影響をほとんど受けていない原生的なブナ（橅）の天然林が世界最大級の規模で広がっている。県道二七号を疾駆し、しばらくして国道七号線に入ると約四〇分で弘前市に着いた。市役所前から今度は県道二八号線を南西に走って、約三〇分で中津軽郡西目屋村に到着。村役場横にある白神山地ビジターセンターで朝食兼昼食をとり、少し休んでから再び県道二八号を南西に向かい、一五分後にはその県道を抜けて右折、あとは林道のような細い山道を登って行く。車の左右は雑木の茂った土手が迫ってきて、昼なお暗い森の中といった状況である。途中に家らしきものが二、三軒見えたが、人が住んでいる様子はなかった。こうしてそのまま二〇分も進むと、急に森が切れて目の前が明るくなり、平坦な土地が現れてきて、その先に一軒の農家が見えた。三浦さんは、

「あー、やっと着いたがね。ここが目的地で、正確に言うと青森県中津軽郡西目屋村大字藤川字

瀬の上ていうとごだあ」

と、いかにもこの辺りの山を知り尽くしているような説明だった。

「ここの農家の主人が三上功夫さんで八十一歳、奥さんが徳子さんで七十八歳だ。三人の子供のうち二人は女で出ていっただあ。バッチッ子（末っ子）は男で弘前に住んでんだども、休みになると時々子供と来て山仕事手伝ってるみでだ」

そう説明すると三浦さんは車を降り、すたすたと一人でその農家の玄関まで行って、

「三上さ〜ん、いだべが？　三浦だんが、こねだ（この間）電話した件で来たんだあ」

と言って中に伝えると、直ぐに中から首に手拭いを巻いた作業服姿の三上功夫さんが出てきた。八十一歳とはいえ腰など曲がっておらず、山で元気に働いているせいか矍鑠としている。私たちもそこに行って挨拶すると、三上さんは、

「いやはや、まんずよぐこんなどごまで来やしたなあ。はなす（話）ははあ三浦さんからこなだ（この間）聞いでっがら用意はでぎでんだわ。んだすがら（そうですから）いづでもせづめい（説明）してけらすよ（できますよ）」

と言うと、一度中に引っ込んでから用意していたものを次々に運び出してきては縁側に並べていくのであった。

そうこうしている間に、裏山から籠を背負った女の人が歩いてきた。すると三上さんは、

「おらが嫁こだ。やまぶんどどアゲビっこ採ってきてくっちゃんだ」

と言って、妻の徳子さんを私たちの前に呼んだ。徳子さんは頬被り(ほおかぶり)していた手拭いを取ると、

「まんず、よぐいらしたなあ」

と言ってから、

「ほれ、やまぶんどとアゲビっこ、こんなにのそらっと（沢山）とっちゃ（採れた）」

と言って籠の中を見せてくれた。そこには、丸々と豊かに実を付けた黒紫色の山ぶどうが蔓や葉を付けたまま房にびっしりと生(な)っていた。その山ぶどうの下には紫色や乳白色をした長さ一〇センチから一五センチ、直径五～六センチほどの肉厚で丸々と肥えたアケビがあった。ざっと数えると三〇個ほどあるという。アケビの大半は熟していて、口をパカッと開けた割れ目の中に、乳白色でゼリーのようなものに包まれた種子がびっしりと付いているのが見えた。

徳子さんが一人で山に入って採ってきたもので、ちょうどこの時期は山の恵みのものが撓(たわわ)に実っていて沢山採れるのだという。昔は大切な食べものだというので、村の人たちはこぞって山に入り、この山ぶどうやアケビ、キノコ、栗などを採っていた。しかし今は生活様式が昔とはがらりと変わり、山に入ってこれを採ってきて食べる人などほとんどいなくなり、また高齢化して里から去った人も多く、徳子さん一人でもすぐに籠いっぱいになるのだということだ。

縁側に座って皆で茶など啜って一服した後、三浦さんは、

「んだば早速で悪いんだげんど、やまぶんどとアゲビのすしつくってもらうべが。三上さんと奥さん、そんじゃらばよろすく」

と言って、いよいよその造り方を見せてもらうことになった。私はノートやペン、カメラなどをリュックサックから急いで取り出し、久しぶりに学者の身構えをして真剣になった。

## 真っ白いご飯がたちまち赤紫色に

三上さん夫妻はまず前庭に蓆を広げ、中央にバケツを置いて、その脇で山葡萄の房から実を外していくのであった。その外し方が面白い。房を手で扱くように振り落としていくと、実はパラパラパラとバケツの中に落ちていく。こうして全ての実をバケツに移すと、山葡萄はバケツ半分ほどに溜まった。すると三上さんは、そこに両手を突っ込んでぶどうの実を掌で押し潰すように圧するのであった。ぶどうはぐじゃぐじゃに潰れて、皮とキョロキョロとした果肉、種子とが剝き出してきて、そこに果汁も混ざり込み、どろどろとした状態であった。

　ここで徳子さんは、もうひとつのバケツを持って来て、その上に笊を置き、そこに潰れた山葡萄を空けるのであった。そしてそれを掌で押すようにしながら掻き混ぜると、果汁は笊の目を通り抜けて下のバケツに滴り落ちて行き、笊の方にはぶどうの皮と種が残る。すっかり果汁がバケツに移ると、次はなかなか根気の要る作業を三上夫妻は始めた。それは、笊に残ったぶどうの皮と種から、皮だけを拾い集め、種は捨てる手順、二人は黙々と手を動かし皮を拾っている。こうして集めた皮はバケツに溜まっている果汁に戻すのであった。

　次にアケビの処理である。蔓から一個一個切り離したアケビを左手に持ち、右手の人差し指をアケビの開いた口から挿入し、ゼリー状の粘質物に包まれた種子をごそっと取り出すのである。その種は捨て、使うのはアケビの皮なのであった。

そしていよいよご飯の登場である。ここから先の作業を私は初めて見るのだったが、まさに驚きの連続だった。それは驚きというよりは感動と言った方が正しい。バケツの中に入っている果汁と皮の中に炊いた柔らかいご飯を丼五杯分ほど投入し、両手で揉むようにして混ぜるのである。真っ白いご飯はたちまち山葡萄の果汁によって美しい赤紫色に染められ、その鮮やかな色彩に俺の目は引き込まれて行きそうになった。

熟した山葡萄の実と皮、果汁を炊いたご飯に練り込み、それをアケビの皮に詰め込んで桶に漬け込んでいく。発酵学者の私が初めて出合った、珍しい熟れずしである。

そして、その見事に着色されたご飯を、今度はアケビの皮にひとつひとつ丁寧に詰め込んでいくのであった。こうして全部のアケビの皮に詰め込みが終わると、徳子さんは母屋の台所に行って漬け桶を抱えて持ってきた。その桶はかなり年季の入ったもので、表面に黒く塗った漆はところどころ剝げ落ちているが、どっしりとしていて貫禄十分である。よく旅館などで見かける飯櫃（めしびつ）よりひと回り大きい。そして、その桶の底に飯を詰めたアケビを敷きつめるように行儀よく並べた。その一段目を置き終えたらその上にぶどうの葉を数枚のせて被せ、その葉の上に再び飯を詰めたアケビを並べていくのである。

こうして、漬け桶の中には飯を詰めたアケビと、ぶどうの葉を交互に重ねていき、一番上にぶどうの葉を重ねて置いて、その上に落とし蓋を置き、そこに重石をのせた。三上氏は、

「これでいじおうしまい（一応仕舞）っすな。あんどはこげまんまみづき（三月）もはあ置いどげば漬け上りっすな」

と静かに語るのであった。

## 発酵学者の私でさえ全く知らなかった

そこで三浦さんは、

「そんじゃらば、去年の秋に漬けたものを見せでもらえねべが、三上さん」

と頼んだ。実はこの珍しいアケビの漬け物を去年、三上家で初めて食べ、大変珍しいものだから取っておいて欲しいと頼んでおいたのである。その後、三浦さんは来る機会を逸し、今回あらためて私たちを案内して来た。そして、一週間ほど前に、三浦さんが三上氏に電話を入れ、

「三上さん、去年の秋に漬け込んだあのアゲビのすす（寿司）っこ、取っておいてくれだべが？」

と聞くと、三上氏は、

「ああ、こどす（今年）の三月にラップかげでれいどうこ（冷凍庫）にしまっちだがらわげね（仕舞

っておいたので大丈夫）。来るめい（前）のし（日）に解凍しておっから」

という話が出来ていたのである。

「んだが、そへば（それでは）ばっちゃ（ばあさんや）、アゲビのすすこごに出してけれ」

三上氏がそう言うと、徳子さんは台所へ行って、しばらくして俎板（まないた）と包丁、そして皿の上にのせた赤紫色のアケビの塊りを出してきた。吉田さんも私もカメラを構える。

そして、徳子さんはアケビを俎板の上に移し、端の方から約二センチの幅で切り分けていった。漬け込む直前のアケビの皮には張りがあって固かったのであったが、こうして発酵させ、さらに一年も経つと表面には少し皺（しわ）が寄ってやや柔らかな状態になっていた。ところが切り分けられていったアケビの切り口を見て、私は妖しいほどの色彩の神秘さに思わず溜息を漏らしたのであった。なんと美しいことか。そのアケビの皮は、濃い赤紫色に染まり、皮に包まれていた飯はピンク色を帯びた淡い紫色で、そのほのかな色調は、天然美色の極みのように感じられた。それはちょうど、俺が滋賀県で出合った日野菜蕪（ひのなかぶ）の淡く美しい赤紫にも似ていて、久しく色彩で心が魅了させられたのであった。

徳子さんは、

「んだばさ、け（食）ってくらしょ。ちょぺっとすっけべぇがあめさもあってんめんだわ」（それでは食べてください。少し酢っぱいですが甘さもあってうまいです）

と勧めてくれた。

そこで私はそれに手を伸ばし、そのひと切れを指で摘まんで、皮の感触などを確かめ、また鼻に近づけて匂いも嗅いでみた。皮にはまだ少しの張りが残っていて、また匂いは鮒ずしや鯖ずしのような魚を発酵させたときの強烈な臭みはなく、一般的な漬け物の匂いであった。

口に入れて食べたところ、またここで驚きと出合った。噛むと皮が歯に当ってカリリ、コリリ、シャリリとし、その食感がすばらしい。また飯の方はネチャリネトリとし、そこからうま味を伴った甘酢っぱい味がジュルジュルと湧き出してくる。驚いたのはその酸味のすばらしさであった。実に爽やかで爽快な酸味なのである。飯を介しての発酵なので、間違いなく重い感じの酸味だろうと予想していた私の完敗であった。一般に乳酸発酵を主とする熟れずしの酸味は、そのほとんどが乳酸菌がつくる乳酸である。だからそう思ったのであったが、ああそうか、山葡萄から来た酸味なのだと直ぐに気が付いたのである。山葡萄は、私たちが食べるぶどうとは全く違って、強い酸味を持っている。その酸味は主に酒石酸、リンゴ酸、クエン酸で、酸味は強いが爽やかさを持つ有機酸なのである。

「いやーぁ、吉田さん、これは凄い発酵食品ですよ。間違いなくアケビの熟れずしです。発酵学者の私でさえ全く知らなかった熟れずしだ。記事にする価値は十分にありますね」

と私が言うと、

「やっぱり熟れずしだがや。んだば折を見で記事にすっぺし。先生のコメントも入れていがすか？」

と、とても喜んでいた。

「ああどうぞ。私がお墨付きをあげたんですから大丈夫ですよ」

私は青森からの帰途の間、ずっとこのアケビの熟れずしのことを考えていた。それは、この珍しい発酵食品はおそらく三上老夫婦を最後に、この世から消えていくだろうということであった。今の世の中、どんなものでも金を出せば手に入る物質文明の最中（さなか）、このような山の中で不便な生活をしている人もほとんどいなくなり、ましてや山からの恵みものを生活に生かそうなどという人は皆無に近い状態になっているからである。そんなときにアケビの熟れずしと出合えたことは、私にとっても重要な意味を持つものである。それは、このことを発酵学者としてしっかりと書き残し、記録して、後世に伝えることが私の役目だと思ったからである。

　東京に帰ってきた翌日、私は三上氏から分けてもらった大切なアケビの熟れずしの試料を持って、以前勤めていた農業系総合大学に行った。この大学には食品分析センターが併設してあって、試料を持ち込んで食品成分の分析を依頼すると、数日後には結果が出る。そこで実費と手数料を支払うと「分析証明書」を受け取ることができるのである。私が依頼した分析項目は、栄養に関する諸成分のうち「ビタミン類」で、アケビの熟れずしにはどんなビタミンが入っているのかを知りたかったのである。

　というのは、三上夫妻の話では、アケビと山葡萄の採れる秋に熟れずしを仕込み、雪が最も深くなる二月、吹雪などが来て外にも出られなくなる日が何日か続くので、そのときにこの熟れずしを食べるのだということである。私はその話を聞いたとき、とっさに思ったのがビタミンの補給ということであった。ビタミンという生きていくために欠かせない微量元素は、実は自分の体では生合成できないため、全て野菜と果物、牛乳、卵、海藻などから食事を通して摂取しなければならない。ところが真冬の山の中で雪に閉ざされたまま外出できないとなると、野菜や果物の摂取が疎(おろそ)かになり、ビタミン不足が生じ、体調の崩れが心配になる。そのような時に熟れずしを食べれば、それに含まれているビタミンが体に吸収されて問題は解決するのだと推測したのである。実は、発酵食品にはビタミン類がとても多く含まれていることはよく知られている。発酵微生物がビタミン類を生合成し、そこに蓄積してくれるからである。冬期特に必要なビタミンはビタミンA、ビタミンC、ビタミン$B_1$などで、これらは多くが野菜や果物に含まれている。その上、アケビと山ぶどうは共に果物系であるので、そこにも注目したのである。

おそらく昔の人たちは、ビタミンのことなど全く無知であったわけだから、アケビだとか山葡萄を秋に採り、これを主食の飯と一緒に漬け込んで冬の保存食として食べたのであろう。結果としてそれがビタミンの補給につながったと考えれば、あの白神山地という山の中にアケビの熟れずしが伝承されてきた理由はおのずと解明されるだろう。私はそう思ってビタミンの分析を依頼したのである。

大学に分析を依頼して約一ヶ月後、分析証明書が私の事務所に送られてきた。それをじっくり見ると、予想通りアケビの熟れずしにはビタミンA、ビタミン$B_1$、ビタミン$B_2$、ビタミンCが豊富に含まれていることがわかった。昔の人たちの知恵の深さを、こうして科学的に検証してみると、そこには理に適った意味と理由が存在しているのである。

このアケビの熟れずしの章の最後に、私の大切な知見を加えておくことにする。それは、この珍しい熟れずしは塩を使っていない無塩の熟れずしという点でも極めて珍しいことだ。塩を加えていない熟れずしはほとんど無いからである。塩を加える目的は、腐敗菌の侵入を抑えるためである。では、どうしてこのアケビの熟れずしは塩を加えていないのに腐敗菌がこないのかというと、それは山葡萄のおかげである。山葡萄には強い有機酸が含まれていて、pH（水素イオン指数）を下げて酸性下にする。そうなると腐敗菌はその領域では生育ができないので阻止できるのである。そこに乳酸発酵でつくられた乳酸も加わるので強酸性下となり、腐敗菌はこない。まったく凄い知恵だ。

# 第２章

# 「長意吉麻呂」という鬼才

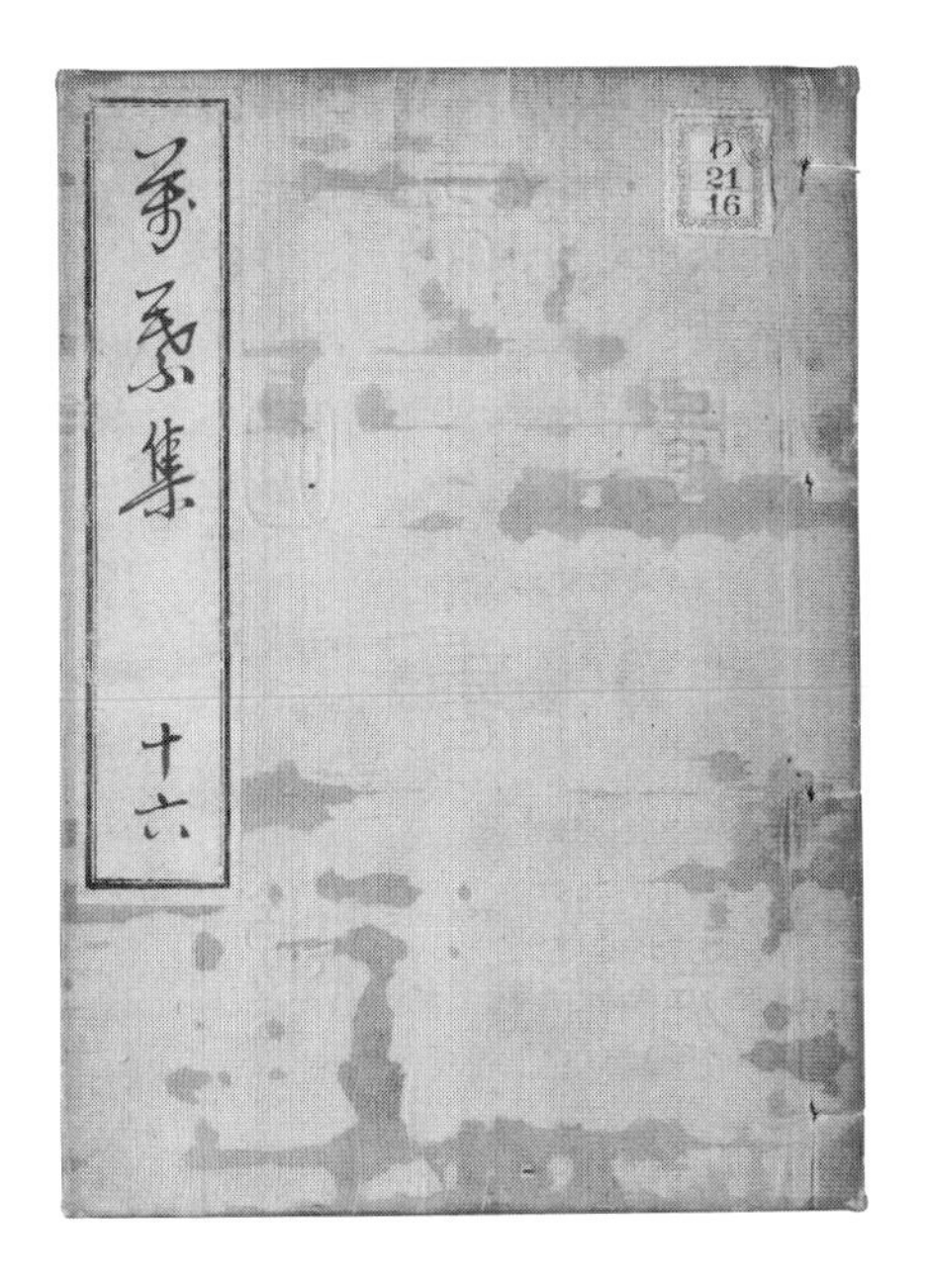


長意吉麻呂は『万葉集』第二期（壬申の乱から奈良遷都まで）の藤原京時代の宮廷歌人で、『万葉集』には14首の歌を残している。ところがこの歌人、世にも稀なる奇想天外な鬼才であった。歌人仲間から幾つかの語句をその場で与えられ、それを漏れなく詠み込むよう求められると、滑稽を含んでいとも簡単に曲芸的に詠みくだし、その即妙さに周りはいつも喝采していた。粋で陽気で洒脱で愉快な歌を詠むこの歌人を、天武天皇も持統天皇も大変気に入っていた。行幸には歌人として侍従し、詔（天皇の命）に応える歌をつくっていた。

## 『万葉集』に登場する「屎鮒」

「熟れずし」に関する話をもう一題。この発酵食品は、奈良時代の八世紀に発布された「養老賦役令」に「鮓」として記述されているから大変古い食べものである。当時は貴重なタンパク質源として川や池、沼などに棲んでいる鮒を発酵させた鮓、すなわち鮒鮓が保存食として食べられていたが、その鮒を詠んだ奇妙な歌が『万葉集』に収められている。

「香塗れる塔にな寄りそ川隈の屎鮒食めるいたき女奴」（訳：これこれ、香を塗った高貴な塔に近寄ってはならぬ。汚物の溜まる川の曲がったところの、くそ鮒を食うておる汚らわしい女奴どもめ）

この歌は『万葉集』巻十六の三八二八番歌である。なんと奇妙な歌だろうか。私は若い頃から俳句や和歌に興味を持ち、今も俳号を持っているので、この歌にすぐに惹かれたのである。そして詠人の長意吉麻呂という人を調べているうちに、世にも稀なる奇想天外な鬼才だということがわかり、この人に魅せられてきたのである。

どれほどの天才か。この歌は宮廷歌人の意吉麻呂が宴会での座興に即席で詠んだものであるが、和歌というたったの三十一字の中に、香・塔・川隈（＝厠）・屎鮒・女奴の五つの名詞を巧みに詠み込んでいることが凄い。そしてこれを整理してみると、二つの清浄なもの（香、塔＝仏舎利）と

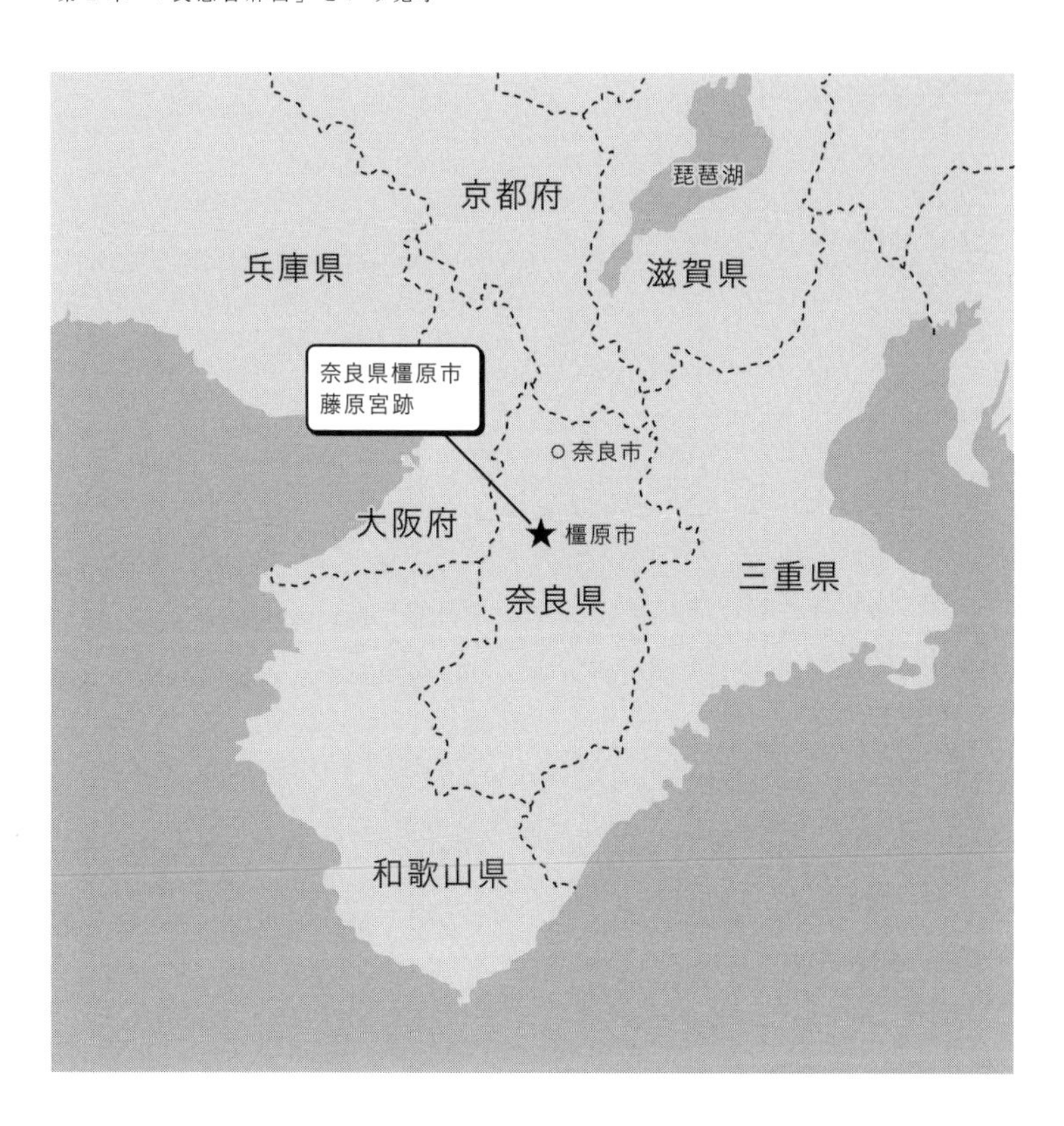


三つの不浄なもの（川隈、屎鮒、女奴）とに分けていることである。「香塗れる塔」は、香を塗った仏舎利のことで尊いもの、一方当時の便所は川の上にあり、偉い人がそこで大便をするとそれが川に流れ、川が曲がっている隅（すみ）のところに溜まってしまう。するとこれを川の鮒が食べる。そしてその不浄な鮒を捕って女奴たちが食べる。その女奴たちに向って「この尊い塔に近づくな」と警告している凄まじい歌なのである。

この時代、鮒の最も高貴

な食べ方は「鮒鮓」という熟鮓で、発酵食品である。鮒を飯と共に長い間発酵と熟成を施した貴重な食べもので、すでに奈良時代にはつくられて食べられていた。今でも近江（滋賀県）の琵琶湖周辺でつくられている鮒鮓がそれである。私が意吉麻呂を鬼才と見たのは、即興でこの複雑にして感情豊かな歌を詠んでしまう才能の持ち主であったからで、いかに頭脳の回転が鋭かったかを察したからである。

さらに長意吉麻呂の歌を追ってみると、同じ『万葉集』巻十六の三八二九番歌に、「醤酢に蒜搗き合てて鯛願ふ我にな見えそ水葱の羹」（訳：醤に酢を加え、野蒜を搗きまぜたタレをつくって、鯛を食いたいと願っているこの俺様の前から消えてくれ、不味い水草の吸い物なんかは）がある。これも宴での即興歌である。

私はこの歌にも意吉麻呂の凄さを見た。醤酢というのは醤油に酢を入れた今でいうポン酢で、蒜は野蒜のことで野生のネギの一種。鯛は美味しい上に高タンパク質の食べもの。つまりポン酢に野蒜を搗いた薬味を加え、それで鯛を食べるという宮廷人たちの食事の歌を前半に据え、後半には庶民の食事によく出てくる水草の吸い物を置くという、その対比が面白い。

しかも意吉麻呂の即興の才に長けた詠み人ぶりはここでも発揮されている。宮廷の宴で醤、酢、蒜、鯛、水葱という五種の食材を詠み込んだ歌を求められ、それを美食への憧れを含めてユーモアたっぷりな歌にその場でしてみせたのだから流石である。私の意吉麻呂に対する憧れは一層強くなった。

## 蓮葉はかくこそあるもの意吉麻呂が家なるものは芋の葉にあらし

そこで意吉麻呂という人はどんな人物かをさらに調べてみると、陽気な宮廷人で人気も高かったようである。『万葉集』第二期（壬申の乱後から奈良遷都まで）の藤原京時代の宮廷歌人で姓は長忌寸、名は奥麻呂とも書く。柿本人麻呂と同時代に活躍し、『万葉集』には短歌のみ十四首を残している。大宝元年（七〇一）紀伊国への持統上皇・文武天皇の行幸、翌年の持統上皇の三河国への行幸に歌人として侍従し、詔（天皇の命）に応える歌をつくり、この二度の旅で詠んだ六首と、宴席で会衆の要望に応えて詠んだ八首の計十四首が『万葉集』に載っているのである。特に宴席歌についてはその時の挿話も残っていて、同じ歌人仲間から幾つかの語句あるいは単語を詠み込むように求められると、滑稽を含んでいとも簡単に曲芸的に詠みくだし、その即妙さに一同はいつも喝采したということである。そのような人柄だったので、とても陽気なお惚け人であった。それが上皇や天皇にも気に入られ、しばしば行幸に従っていたのである。

池の上に便所があり、用を足す人は丸木橋を渡って大をする。下の池には鯉や鮒がいて、それを食べて育ち、人がその魚を食べる（中国広西壮族自治区のトン族の村で）。

そんなにも宴席で人気のあった長意吉麻呂なので、かなり頻繁に饗宴に出ていたことが知られている。そこで私は、当時の宮廷人や宮廷歌人たちの宴とは一体どのようなものだったのかを知りたくなり調べてみると、なかなか面白いことがわかった。

『万葉集』の時代、宮廷人たちの宴席の中心は歌会で、「肆宴（しえん）」と呼ばれる宮中の公的な宴をはじめ、私的な宴もあって、規模も出席者も格式もそれぞれに違いがあった。従ってそれらの宴での歌も格調の高いもの、清冽なもの、哀愁に満ちたもの、古事物語もの、恋愛ものなどがあった。その中に、粋で陽気で洒脱で愉快な歌を詠む歌人たちの宴席があり、意吉麻呂はこの席にも属していた。

ある時、意吉麻呂はその宴席に招かれ、即興で「蓮（はす）の葉」の題を与えられた。するとあっという間に「蓮葉（はちすば）はかくこそあるもの意吉麻呂が家なるものは芋（うも）の葉にあらし」（訳：蓮の葉はこういうものだったのか。意吉麻呂の家にあるものは里芋の葉であるらしい）と詠んだ。この歌も意吉麻呂の性格を実によく表わしている。蓮の葉は里芋の葉によく似ている。即座に蓮の葉を里芋の葉に置きかえた機転がこの歌のポイントで、蓮は美しい女性を表現するので、宴席にいた女性たちをその蓮の葉で持ち上げて、美しいとはこういうものだったのかと歌い、それに比べれば私の家にいるあれ（妻）は里芋の葉ぐらいだ、と歌う滑稽なからかいの歌に、ついつい笑ってしまうのである。とにかくこのように、私は長意吉麻呂を作品を通して敬愛するのである。

## 第３章

# 「なまぐさごうこ」という執着

魚のうま味を持ち、焼いて食べる「なまぐさごうこ」という大根漬けは驚異の発酵食品である。多量のイワシを食塩の存在下で3年間発酵させて塩辛状の塩魚汁をつくり、その汁の中に今度は干した大根を漬け込んで2年間発酵させる。それを焼いて食べると、大根漬けは焼いたイワシの味がして、数切れで何杯ものご飯が食べられる。焼いて食べる漬物だけでも珍奇だが、それにイワシの味が付いているのだから驚かぬわけにはいかない。それも、食べるまでに5年もかけて、二度の発酵（塩魚汁と大根漬け）をしてやっと仕上がるというのだから究極のスローフード、悠久の発酵食品である。

## 自分が知らない漬け物が全国にはまだあるのではなかろうか

国立国会図書館は、国会議員の調査研究、行政、そして日本国民のために奉仕する図書館である。日本国内で出版された全ての出版物を収集、保存する唯一の法定納本図書館で、設置根拠及び基準は法律によって定められている。そこには国民への図書館サービスも義務付けられているので、私は大学生時代や教員時代にもよく利用していた。

当時は、入館するとき利用者カードのようなものを提出し、一度登録しておくと次回からは配られたカードを提示するだけで入館できた。ところが今は全く新しい時代となって、登録者利用カード（ＩＣカード）を持っていると入館が楽なだけでなく、コピーや検索システムの利用も可能になったのでとても便利である。

私が白神山地でアケビの熟（な）れずしを知ってから早くも一年が経った。この間ずっと自問していたのは、自分が知らない漬け物が全国にはまだあるのではなかろうか、ということだ。詮索心が頭から消えなかったのである。とにかく、発酵食品の代表的なもののひとつが漬け物なので、発酵学者としてそれを網羅しておきたいと思っていた。そこでこの心の中のモヤモヤとしたものを晴らすためには徹底的に調べてみるしかないと思い、秋の晴天の日、久しぶりに国会図書館に行

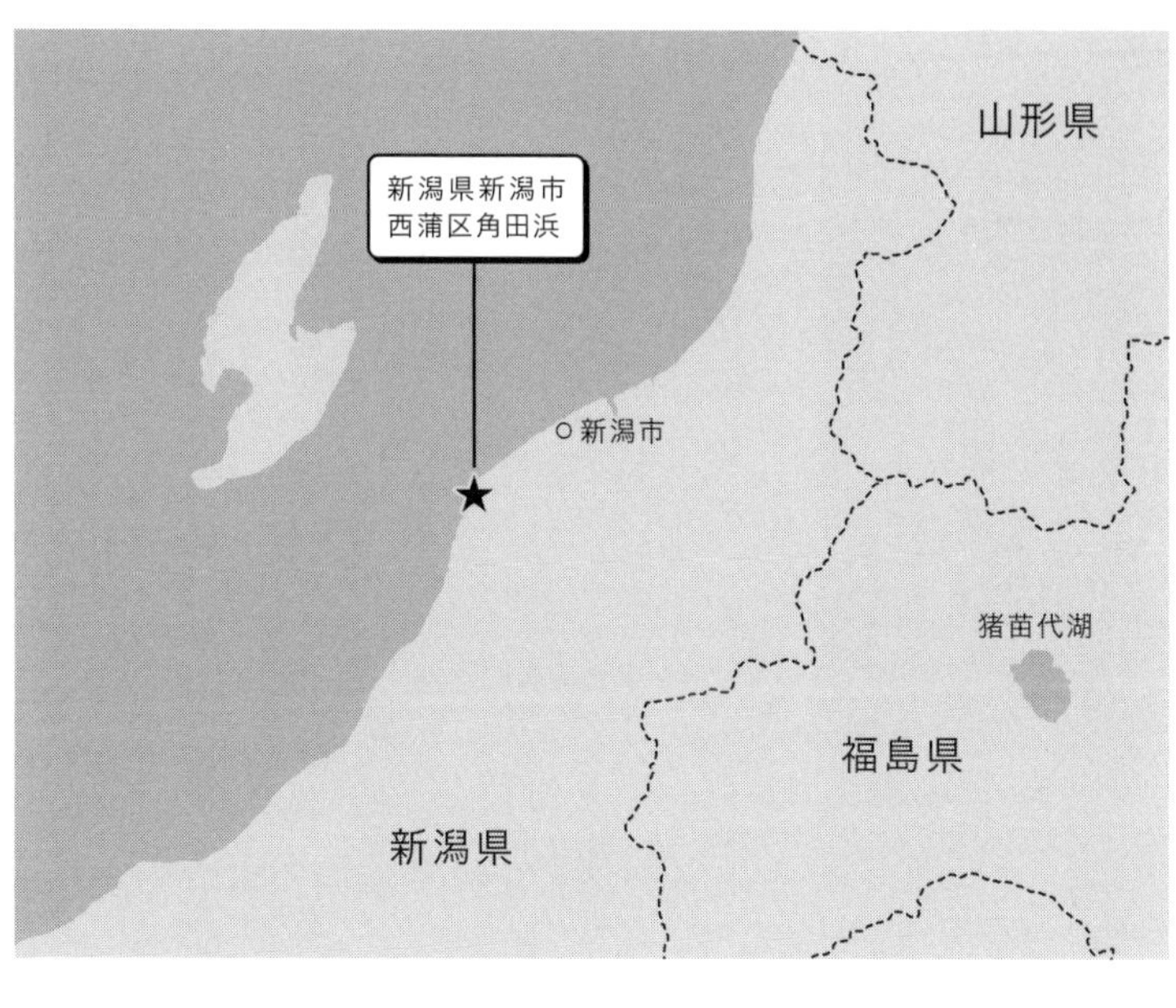


ったのである。そして検索コーナーに行き「珍しい日本の漬け物」をインプットしてみると、さっと画面に関連書籍が次々に出てきた。例えば『いぶりがっこの栞』（秋田県いぶりがっこ生産協同組合発行の小冊子）とか、『すんきの神秘』、『なた漬けに命を懸けて』、『幻の印籠漬け』、『ぴぱーず漬けのつくり方』、『ムカデ海苔の味噌漬けとは』（宮崎県郷土料理研究会）などと、あまり聞いたことのない漬け物の名前がぞくぞくと出てきた。中には江戸時代の『料理綱目調味抄』の中の「阿茶蘭漬」や、『合類日用料理指南抄』の「蛮族漬け」などが出てきて驚いた。

私が画面に現れた漬け物の中である程度興味を持ったのは「べん漬け」、「乾板漬け」、「とっこ漬け」、「壁漬け」、「寒漬け」、「うれら漬け」あたりであった。だが、これらの漬け物については、何となく耳にしたものや文献でちょっと触れたものばかりで、そう積極的に動きたくなるような反応は起きなかった。

ところがその中の『大日本農水産加工要覧』という刊行物に「なまぐさごうこ」という、私がこれまでまったく聞いたことのない奇妙な名前の漬け物が記載されているのを見つけた。そこで早速その文献の閲覧を請求すると、しばらくしてそれが手元に届いた。心ときめかして「なまぐさごうこ」の箇所を探っていくと、短い文章ではあるがそこには何とも興味をそそる内容が書いてあった。

「なまぐさごうこ、は新潟県西蒲原郡巻町角田浜集落の漁師の家々がつくる鰯と大根を使った漬け物。江戸時代からつくられてきた、この集落秘伝の伝統食品で、他所では見られない珍しい漬け物である。長期間かけて出来上がった大根漬けを火に焙って食べると、鰯の風味が付いて旨い。なまぐさ、の意は鰯のこと、ごうこ、は大根漬けのことである。角田浜では今でもこの漬け物をつくる家がある」

私はこの一文を読むと、とたんに体がポーッと熱くなるのを感じた。これは凄い。驚きだ。じっとその文章を見つめながら、初めて知った驚愕の漬け物に体は固まってしまった。何と言っても、海の魚のイワシと陸の根菜である大根が発酵によって出合うのだから、この浪漫はたまらない。その上、出来上がった大根漬けを焼いて食うとは何事ぞ。驚きはまだある。その焼いた大根漬けはイワシの味がするという凄絶さだ。本当なのだが、私の体はしばらく固まってしまい動けなかった。

## 漬け物文化を後世に伝える漁師夫人たちのサークル

やっと素面に返ったとき、「今でもこの漬け物をつくる家がある」という記述に動物的直感が走った。私は直ぐに現場に行って、その漬け物を確かめてみることに決めた。するともうじっとしてはおれず、国会図書館から急いで事務所に戻り、新潟県巻町について調べることにした。すると、ちょうど書棚に『全国市町村要覧』があったのでそこをコピーにとった。「新潟県中央部に位置し、日本海に臨み、西側に標高四八二メートルの角田山がある。江戸時代は信濃川の支流である西川の舟運の河岸町として、また北陸街道の宿場町として栄え、今はＪＲ越後線と国道一一六号線、四六〇号線が通っている。二〇〇五年に新潟市に併合され、新潟市西蒲区角田浜となっている。角田浜の海岸に並ぶ集落は、昔は越後薬の行商人の出身地として知られ、また漁業も盛んで今日でも代々の漁師の家は前浜漁を行っている」

私はそこに行くための交通手段を検索してみた。すると、東京から新幹線で新潟駅に行き、駅前バス乗り場から高速バスで「巻」行に乗る。巻で下車し、普通路線バス「角田妙光寺入口」行に乗り換えて、その終点が角田浜であることがわかった。新潟駅からはおよそ一時間三十分ほどで着くという。さらに調べていると、新潟市西蒲区役所に産業観光課商工観光係というところがあることもわかり、そこに電話をして相談に乗ってもらうことにした。問い合わせた内容は、今も角田浜の漁師宅では「なまぐさごうこ」をつくっているのか、つくっているとすればいつ頃訪ねればよいのか、できればつくっている人を紹介いただけないか、の三点であった。

するると、問い合わせたこちらの方が恐縮してしまうほど係の女性は親切に対応してくれ、

「それでは明日の午後また電話ください。あちこち当たってみますから」

ということであった。その翌日、言われた通りに電話を入れると、同じ女性が対応してくれて、次のようなことを教えてくれた。「以前はどこの漁師さんの家々もつくっていましたが、とても手間と時間がかかる漬け物なので、今は何軒かがまとまってつくっているようです。中でも、この漬け物を後世にまで伝えようというサークル活動を行っている夫人の集まりがあるから、そこを紹介するので連絡をとってみるといいでしょう」とのことであった。そのサークルのリーダーは古島由里子さんという女性で、友人五、六人で「なまぐさごうこ」をつくり、簡単な海辺食堂も不定期に開いているということであった。住所と電話番号も教えてくれたので大変助かった。また、つくる時期は秋大根の収穫とイワシがやって来るのが重なるちょうど今頃がいいのではないか、ということであった。タイミングよく今がその時期であることに私は嬉々とし、ツキを感じた。

早速リーダーの古島由里子さんに電話を入れた。すると、

「ああ、はいはい。きんの（昨日）な、観光課の人がら連絡来てだっけさ。そいでさ、イワシが浜に近寄って来んのが来週あだりだすけ、再来週（さらいしゅう）には仕込みせねばと思っててのお、だすけその

とき来なすれば見れるのう」

ということであった。

「それでは再来週に行きます。私の行く日や時間、古島さんらの仕込みの日などについては、これからこうして電話で連絡をとり合いながら決めていきましょう。何とぞよろしくお願いします」

といった会話をした。

## 大根が「し」の字から「つ」の字、そして「の」の字へ

こうして時々連絡をとりながら、「なまぐさごうこ」の仕込みの日が決まった。当日の朝、私は東京から新幹線に乗って新潟に向かった。そして、午後十二時半に角田浜に着いた。バスから降りると、目の前は広大に広がる日本海で、それを眺める真後ろには霊峰角田山がどっしりと構えている。砂浜の上に築かれた防波壁の内側には漁師の家々が点々と並んでいる。私が立っている足元から二〇〇メートル先が海で、そこまでの広い砂地が角田浜海水浴場とキャンプ場である。約束の時間が午後一時であったが、その少し前に遠くから五、六人の女性たちがこちらに歩いてきた。私も彼女らに歩み寄る。その中の一人が、

「東京から来なさった小泉さんかね？」

と聞いてきたので、

「ええそうです。古島さんですか、このたびは勝手なお願いを聞いてくださりありがとうござい

ます。何とぞよろしくお願いします」

と通常の挨拶の後、古島さんは一緒に来た四人の女性たちを紹介してくれた。いずれも漁師の奥さんたちで、平均年齢は六十歳を少し過ぎたぐらいに見えた。漁師の妻らしくがっちりした体軀で、顔は日焼けしてピカピカに光っている。

古島さんが言うには、一週間ほど前からイワシが来始め、そこに男衆が網を入れて捕っている。毎日来ていて、今朝もいっぱい水揚げされたということである。五人とも作業着姿で長靴を履き、頭には手拭いで姉さ被りをし、もう仕込み態勢である。その浜辺から一〇〇メートルほど離れたところにコンクリート製の防波壁があり、その階段を登って行くと小さな海辺食堂がある。そこが彼女たちの仕事場で、「なまぐさごうこ」もそこでつくるのだという。

その海辺食堂に案内されると、もう仕込みの準備は整っていて、容量が一〇〇リットルはあるかという大きな蓋付きのポットに入れられた黒褐色の怪しげな液体、何十本もの干された大根などがゴロゴロと転がっている。古島さんは、では早速「なまぐさごうこ」をつくりましょうと私に言うと、まず目の前にある萎(しな)びた大根の説明から始めた。その大根は野菜市場に行って仕入れてきた秋大根で、紐で五本一組で縛り、風通しのいいところですでに一ヶ月干し上げたものだという。大体十五日ぐらい干したものを曲げると「し」の字になってきて、二十日ぐらいになると「つ」の字まで曲がる。これではまだ早く、「なまぐさごうこ」をつくるには三十日ぐらい干して「の」の字をつくることができるほどしなしなにならないと駄目だという。

さていよいよ仕込み作業が始まった。私はそれを見ながら、感動のあまり、鳥肌の連続であった。女性たちはまず、黒褐色の泥状の液体を蓋付きの大きな容器から汲み出し、それを七〇リットル容量のポリバケツに五〇リットル入れた。そして四人がかりでヨイショ、ヨイショ、と運んで大きな鉄製の釜にドボドボドボと空けた。半固形物の液体で、ドロドロしている。女性たちの説明によると、それは何と三年間も発酵させたイワシの塩辛だというのである。イワシが産卵のために沿岸近くに寄ってくるのを漁師たちは船の上から網を遠巻きにして張り、沖の方に去って行くイワシを一網打尽に捕らえるのだという。こうして捕れた大量のイワシは、昔は漁師の家々に均等に配られ、食べきれないほど多かったので、余ったものはどこの家でも「なまぐさごうこ」をつくるための塩辛づくりをしたという。その塩辛づくりは、この「なまぐさごうこ」の仕込みの後で見せてくれるという。

## ドロドロの塩辛がビショビショに

さて、そのドロドロした塩辛の入った大釜に火が入れられた。釜の下の焚き口には薪（まき）がくべられ、火はどんどん熾（おこ）っていく。すると一人の女性は、長い木製の篦（へら）を使って塩辛を絶えず攪拌し始め、その脇では別の女性がシンプルな棒状温度計を持って時々塩辛の温度を測っている。次第に釜が熱くなり、塩辛から湯気がふわふわと立ちのぼると、塩辛に熱が加わって、ドロドロの状態は次第に緩（ゆる）んで粘度が下がり始めた。こうしてあとしばらく煮ていくと、塩辛の温度を測って

いた女性が、

「そろそろ七十五度になるがね。火、引こうかね」

と言った。すると、薪をくべていた釜焚き役の女性が焚き口から燃えている薪を引き出し、残り火も鉄製の灰出し棒で掻き出した。

そこで古島さんは、

「小泉さん、ほらよぐ見なせい。溶けたがね」

と言って釜の中の塩辛を指さした。私はあらためてそれをよく見ると、なんと驚くべき大変化が釜の中で起こっている。つい先程までドロドロと泥状であった塩辛は、完全に溶けてビジョビジョの液体状に変わっているのである。念のため篦を手にとって釜の中の塩辛を掻き回してみると、市販の醬油とまったく同じで、やや飴色を伴った黒い液体になっていた。ついでに篦に付いたその液体を舐めてみると、強いうま味と微かな酸味、角のとれた塩味がして非常に美味しい。

私は、七十五度でとたんに泥状から液状に変化した現象を見て、これが発酵という生命現象の底力だと思った。おそらく、耐塩性の乳酸菌と酵母が塩の存在下でイワシの身や内臓を溶かしながら発酵し、三年後にはイワシの形は消えてドロドロ状の塩辛になった。それを釜で煮て七十五度まで温度を上げると、発酵菌のつくり出したタンパク質分解酵素やペプチド分解酵素、脂肪分解酵素などが作用してそれらを分解してしまい、ビシャビシャの液体塩辛にしてしまったのであろう。また、骨も頭も尾も鰭(ひれ)も跡形もなく消えて無くなっているのは、発酵菌の中の乳酸菌が生成した乳酸のためであろう。魚を含め動物の骨は、約八〇パーセントのカルシュウムと二〇パーセントのコラーゲンより成っている。そのカルシュウムは乳酸と出合うと乳酸カルシュウムとなり、水溶性のためすぐに溶解、コラーゲンはもともと水溶性なので、共に液体塩辛中に溶け込んでしまったのである。

ここまで作業をすると、女性たちは一旦休息し、釜の中の液体塩辛の温度が下がるのを茶を飲みながら待った。その液体塩辛を使ってどのようにして「なまぐさごうこ」をつくるのか、私はますます心を熱くし、興奮しながら見守ることにした。それから三十分もしてから、女性たちは奥の方から漬け込み用と思われる大きな樽を持ち出してきた。念のため樽の大きさを測らせてもらうと高さ五十六センチ、直径五十五センチ、木の厚さ二センチの押し蓋付きであった。この大きさだと四斗樽、つまり七十二リットル容量の漬け物樽である。

「この樽に漬け込むだがね」

と言っていよいよ漬け込みを始めたが、それを見て俺はまたまたびっくり仰天した。

干して萎びた大根を一本一本手に取り、釜の中の液体塩辛に全身をくぐらせてから、樽の底の方から積み重ねていくのであった。つまり、干した大根をイワシの塩辛で味付けして、この後さらに発酵させていくという執着ぶりである。

こうして約六十本の大根は樽に漬け込まれていき、一番上に落し蓋と重石をし、さらに被せ蓋をして仕込み作業を終了した。残った液体塩辛は、時々上から振り掛けてやるということである。

## イワシを獲ってから五年先に楽しみが

古島さんは、

「このままあと二年置いとくと出来上がりだのお」

と平気で言う。それを聞いて私はその日何度かめのびっくり仰天をした。イワシの塩辛づくりに三年をかけ、さらにそれで味付けした大根を二年もかけてまた発酵させる。つまり大根漬けをつくって食べるまでに何と五年の歳月をかけるというのだから、まさに究極のスローフードである。驚いてびっくり仰天しない方が驚きというものだろう。イワシを獲った日から遥か五年先の大根漬けの味を楽しみにして待つ。何とも悠々たる人生の優雅な希求である。

　女性たちはここで二度目の休憩をとり、茶菓子などで安息した後、塩辛づくりを見せてくれるという。古島さんは、

「今度はへい、そう時間かからねえですけ、直ぐ終わるうてねえ」

　と言うともう四人とも働き出した。古島さんは漁協に電話をして、イワシをバケツ五杯分持って来るように指示した。今朝揚がったイワシを午前中に注文し、それを漁協の冷蔵庫に氷詰めで保管してもらっており、電話を入れたら直ぐに届けてもらう手筈を整えておいたのだという。他の女性たちは塩辛を仕込む桶や紙袋入り塩、台秤（だいばかり）、櫂（かい）などを持ち出してきた。十五分ほどすると漁協の若い職員がイワシを軽トラックに積んで運んできた。すると女性の一人が若い職員に、

「ここの桶だすけ、入れせぇてば」

と言うと、漁協職員は桶に次々とイワシを入れていく。

「そうしっと次は塩だ」

と誰かが言うと、イワシの量はわかっているので、加える塩の量を台秤で測り、イワシの入っている桶に投入していく。使用する塩の量はイワシに対して二五パーセントだそうである。塩を加えている一方で、二人の女性は櫂を持ち、イワシと塩を混ぜるように攪拌していく。

この作業を終えると、あとは桶口に厚手のビニールシートを被せてしっかりと縛りつけ、さらにその上に木蓋をのせて塩辛仕込みの完了である。あとは時々櫂を入れて攪拌しながら三年間、発酵と熟成させると、あのドロドロの塩辛となるのである。この間何が起こるのかを発酵学の立場から解説すると、まず滲透圧の高い塩がイワシの細胞から水分を引き出し、ドロドロにする。するとそのうちにイワシの内臓に含まれていた消化酵素がイワシの肉身や内臓を溶解し、うま味の成分のアミノ酸やペプチドにする。そこに高濃度の塩分が存在しても発酵できる耐塩性乳酸菌や耐塩性酵母が繁殖して酸味や風味を付ける。ドロドロの液体は長期間熟成されるため色調は黒っぽくなるが、味は塩角（しおかど）がとれてマイルドな塩っぱさやうま味になるのである。

## 初めて漬け物を焼いてみたら

後片付けなどして一段落すると、古島さんは、

「そしたらね、なまぐさごうこでご飯食べないかね」
と嬉しいことを言ってくれた。実はこれを私は待っていたのである。何せイワシの味のついた大根漬けを焼いて食べるというのだから、これは初めての経験である。すると直ぐに二人の女性が私のテーブルの前に、火を熾した炭火が入っている七輪を運び込んできた。さらにご飯茶碗に盛った真っ白い飯（めし）、そして小皿には五切れの大根漬けがのせてある。この大根漬けこそ、私が憧れ、夢にまで見ながらここまでやって来た「なまぐさごうこ」だと、繁々（しげしげ）と観察した。色はやや黒ずんではいるが、沢庵の古漬けより深い色と思えばよい。匂いを嗅いでみると、糠みそに漬け込んだあの沢庵漬けの匂いはほとんどなく、発酵した魚の匂い、例えば酒盗（しゅとう）あるいは魚醤のような香（かぐわ）しさがある。

　言われた通りに、その「なまぐさごうこ」を一切れ箸でとり、七輪の上に置かれていた網渡しにのせて焼いてみた。漬け物を焼くなど初めてのことなので、私はとても新鮮な気持ちと面白がる気持ちとが半々になって、不思議な心持ちであった。少し焼いて煙が出てきたところで、私は、本当にこの日一番の大仰天をした。とんでもないことが目の前で起こっているのだ。焼いている「なまぐさごうこ」から広がってきた煙の匂いは、何とイワシの丸干しを炭火で焼いているときの匂いとまったく同じなのである。イワシの丸干しが大好きな私は、とたんにそれを思い出し、猛烈な食欲が湧き出してきて、口の中はたちまち涎（よだれ）の洪水になってしまった。いやはや本当にびっくりした。

それでは食べてみましょうと、今度は焼き上がった一切れを口に運んでガブリと嚙みながらじっくり賞味してみた。すると「なまぐさごうこ」は歯に応えてシコリ、コリリ、カリリとして、そこから濃厚なうま味と酸味などが広がっていく。そして私はついにこの日最大の大々仰天をした。信じられないことが今、私の口の中で起っている。それは、この漬け物には大根漬けや沢庵漬けの味わいはほとんどなく、焼いたイワシの丸干しの味がするのであった。これは本当に信じられないことであるが、現実なのである。

よし、再度じっくり確かめてみようと、今度はご飯の上に焼き立ての「なまぐさごうこ」を一切れのせて食べてみたところ、発酵して醸し出されたイワシの濃いうま味と酸味が飯の耽美な甘みと融合し、絶妙の味覚を味わえたのであった。もうこうなるとどうにも止まらなくなり、残りの「なまぐさごうこ」を全部焼き、それだけをおかずに三杯のご飯をおかわりしたのであった。

いやはや、まったく昔の人の発想には恐れ入る。第1章の「アケビの熟れずし」にしても、次章の「紙餅」にしても、そしてこの「なまぐさごうこ」にしても、現代人は昔の人に頭(こうべ)を垂れて畏敬の念を抱かなければならない。

第 4 章

# 「紙餅」という賢食

江戸時代中期（明和元年）の『料理珍味集』に、紙餅（目くり餅）というのが出てくる。そこには、「使って古くなった障子紙などは捨てないで、よく汚れを落とした後、味付けに味噌を加え、それを葛で固め、丸めて干しておく。その紙餅を時々、汁の実にして食べれば、年中病気は防げる」とある。紙餅の主成分は繊維（パルプ）であることを考えると、江戸時代の人たちも、繊維食品は整腸作用を持ち、快便は健康のもとだと体験的に知っていて、意識的にこの紙餅をつくって食べ、医食同源を実践していたのであろう。

## 江戸中期の古文書に記された救荒食

ある時、飢饉（ききん）について調べる必要があり、大学の図書館や国会図書館などに行って文献を漁っていた。『日本災異志』や『日本凶荒史考』などには元和、寛永、延宝、天明などの時代の飢饉の実状と幕府の対策などが述べられていて参考になった。例えば幕府は全国各地の藩に通達を出し、飢饉に備えて山々に焼畑地帯をつくらせたり、農民に救荒食として粟（あわ）、稗（ひえ）、黍（きび）、蕎麦（そば）、干し大根とその葉、栃（とち）の実、椎（しい）の実、団栗（どんぐり）などを栽培させたり備蓄させるように伝えている。

文献の中には、極限の状況におかれたときにどんなものを食べていたかの実例も述べられていて、凄まじいものになると、囲炉裏の周囲に敷いている蓆（むしろ）には普段の食事のときにこぼれた味噌汁などが染み込んでいて、いくらかの塩分や味を含んでいるので、それを刻んで野草などを入れ、粥（かゆ）状にして食べていた例などがあった。そのような古い文書のひとつ、明和元年（一七六四）に出された『料理珍味集』に、ユニークな救荒食が記載されているのを見つけて、私はとても興味がそそられた。

そこには「使い古した奉書紙を三日ほど水に漬（つけ）、成（なる）ほど能（よ）く叩（たた）き潰（つぶ）し、味噌を合（あわせ）て葛（くず）にて捏（こね）、能程（よきほど）に切りて味噌汁にて煮る。此餅（このもち）を食する者は年中悪病を除（ふせ）ぎ、凶歳（きょうさい）の時の助けとなる也」と

ある。これを私なりに解説すると、使って古くなって捨てるしかないような和紙を水に漬けて潤(うる)かし、その水を時々替えながら汚れを落とし、それを笊(ざる)のようなものを使って水から上げて一旦搾り、台の上にのせて棒などで叩くと、繊維はフワフワになる。そこに味付けとして味噌を加え、さらに「つなぎ」として葛を加えてよく捏(こ)ね、これを適当な大きさに切り分けて味噌汁の具にする。この紙でつくった餅のようなもの、すなわち「紙餅」を食べると年中病気になりにくいばかりでなく、飢饉のときにも助けてくれる、ということになろう。

　味噌を加えているので一応発酵食品に該当するのだが、紙を食うという発想は、料理史上、私は見たことも聞いたこともないことだったので特別な関心を抱いた。その上、ただ空腹を満たすだけでなく、それで健康も維持できるというのであるから一石二鳥で、この考え方にも心が惹かれた。

この紙でつくった奇妙な食べものは、その文書に「紙餅（かみもち）」と記されているので以下はそう記述する。おそらくその紙餅には、現代医学または生理学で証明されている薬効が宿されているのは間違いないであろう。それは、奉書紙の原料は楮（こうぞ）の繊維で、これが腸管を通るときに大腸を刺激して、便秘の防止や腸内細菌のコントロールをしていることがすでに報告されているからである。また、パルプ繊維は血液中のコレステロールや胆汁酸の排泄を促進し、動脈硬化症や心臓病の予防にも役立ち、胃や腸などの消化器官を物理的に刺激してインシュリンやホルモンの分泌を高めてくれ、糖尿病や直腸ガンなどを防ぐメカニズムが生じるといわれている。

とにかく江戸の人たちは楮の繊維を食ってその効果を体験的に知り、紙餅の発明まで漕（こ）ぎつけたのであろう。便秘薬や整腸剤などの無い時代、まさに理に適った発想でまったく頭の下がる思いだ。

## 「食魔亭」での「紙餅」づくり

私は、この紙餅という賢い食べものが、本当に出来るものなのかについてどうしても検証してみたくなった。そのためには実際にこれを自分の手でつくってみる必要がある。そこでまず奉書紙のことについて知識を持つことにした。すると、「奉書紙は和紙の一種で、楮を原料とした楮紙（こうぞかみ）のうち白土（はくど）などを混ぜて漉（す）き上げたものである。歴史上、古文書などで使用されたが、現代ではパルプを原料とするものを含めた白くてしっかりした和紙の総称となっている」と辞典に出ていた。

私の事務所は東京の渋谷にある。ここの近くに紙専門の店があることは前々から知っていたので、そこをまず訪ねてみることにした。この店は画用紙、便箋、封筒、原稿用紙、千代紙、折り紙、障子紙、紙タオル、包装紙などさまざまな紙を扱っていて、私はずっと前に一度だけ原稿用紙を買いに行ったことがあった。店に入って奥の方に行くと、店主が大きな紙を切っていた。そこで、

「あのー、紙のことで聞きたいのですが……」

と言うと、

「どんなことですか？」

と応じてくれた。

「手造りの奉書紙のことなんですが、取り扱っていますか」

と聞くと、

「勿論でございますよ。うちはピンからキ

我が家の厨房を「食魔亭」と名付け、私はここでさまざまな料理をつくり、またこのように紙餅のようなものまで試作している。

りまで取り扱っています。ピンの方ですと福井県の越前和紙や埼玉県の細川和紙、島根県の石州和紙、岐阜県の美濃和紙など、いずれも楮紙です。キリの方はさまざまな木材パルプを使って工業的につくった和紙ですね」

と言う。

「ではそのピンの方を三枚買いたいのですが」

「ああ、そうですか、では美濃紙の二三判にしましょう。二三判といってもちょっとわかりにくいでしょうから説明しておきますとね、縦二尺横三尺、すなわち縦六〇センチで横九〇センチの大きさの紙です。三枚でよろしいですか?」

「ええ結構です」

こうして日本伝統の奉書紙である美濃和紙を買ってきた。そしていよいよ紙餅を我が厨房「食魔亭」でつくってみることにした。「食魔亭」とは自宅にある私専用の台所兼キッチンで、ここを愛用してもう三十年も経っている。自分で食べたい料理をつくっては独り北叟笑んだり、友人たちを招いては料理をつくってあげて楽しんでいる。この厨房にはさまざまな食器のほか、包丁、鍋、フライパン、ガス水道付き調理台、オーブン、電子レンジ、大型冷蔵庫、食器収納棚、フードプロセッサー、食器洗い機などのほか酒保管庫、ワインセラーなどを設備している。また和洋中華用の調味料や香辛料、小麦粉、片栗粉、葛粉なども常備しており、さしずめ街のレストランの厨房を小型化したようなところである。

買ってきた奉書紙を鋏で適当に切り分け、それを大きなステンレス製のバケツに張った水の中に浸した。紙はたちまち水を吸って沈んだり浮遊したりしている。それを一度ステンレス製の掬い網で集め取ってから手でよく揉み、再び水に放つと、今度は均一で微細な繊維粒子のようになって水中に浮遊した。それを翌日の朝まで静置しておいた。すると紙繊維の粒子は、見事に底に層を成して沈んでいて、その上に水が静かに佇んでいた。

そこに手を入れて一度攪拌すると、紙の粒子は水中に舞い上がり浮遊したので、それを網で掬って集めた。次に両手でギュッと握って水を搾り出し、その紙玉のようなものを俎板にのせ、その重量を測ると約三五〇グラムであった。二三判奉書紙一枚は七五グラムあったので、三枚では二二五グラム。つまり紙は自重量の約四〇パーセントの水を吸っていた。その搾った紙に、古文書にあるようにまず味付けとして味噌を加えることにした。今日私たちが飲んでいる平均的味噌汁は、ダシ汁五〇〇ccに対して味噌二〇グラム、つまり四パーセント添加しているので、紙玉一二〇グラムに対して四・八グラムを加えることにした。

「つなぎ」の葛粉の使用量は、蕎麦を例にした。十割蕎麦は「つなぎ」無し、一般的蕎麦である二八蕎麦は「つなぎ」二割に蕎麦が八。そこで二割加えることにして二五グラムとした。こうして味噌と葛の添加量が決ったので、いよいよ紙餅の仕上げに入った。

俎板の上に置いた紙玉をざっと広げ、その真ん中辺りに味噌を置き、その味噌が紙全体に均一に混ざるように手で捏ねた。紙玉は意外に多く水分を吸っているので、味噌との相性がよく、互

実際に古文書に従って紙餅をつくり、それをダシ汁に入れて飲んでみた。汁の全面に繊維が漂い、いかにも健康的な汁で、味もなかなかいける。

いによく混ざり合い均一化した。真っ白であった紙玉も味噌が加わったためやや淡い飴(あめ)色になった。

そこに今度は葛を加えた。葛粉は小さな塊状になっていたので、擂り鉢で擂って粉状にし、その二五グラムを味噌入り紙玉の上からパラパラと均一に撒いた。それを手でよく混ぜると、全体が固まってきたけれど、片栗粉や小麦粉でつなぐ場合と少し異なり、葛の場合はややトロみ感を残して固まるのであった。それをひと口大に丸めて団子状にした。ここに紙餅の完成である。

## 普通の味噌汁と著しい違いはない

それを試食してみることにした。小鍋にダシ汁二〇〇ccを入れ、一度沸騰させてから火をトロ火に下げ、そこに紙餅一個を崩れないように静かに入れて五分ほど煮た。紙餅は、はじめ表面の方が崩れていったがあとはそのまま何とか形を保っていた。紙餅と汁を杓文字(しゃもじ)で掬い取り、それを椀に入れて食べてみた。まず箸で紙餅をつついてみると、フワっとした感じで崩れてしまい、汁全体に紙の微細な繊維が浮遊した。それではいただいてみましょうかと、椀を左手に、箸を右手に持って、箸でざっと掻き混ぜたところ、何となく通常の味噌汁の雰囲気となった。椀を鼻の先に近づけて匂いを嗅いでみると、そこからはいつもの味噌汁の香りがしてきたが、よく嗅いでみると少し土臭いような匂いが感じられた。おそらく紙の繊維に由来するのだろう。

では味はどうかと、浮遊している紙餅の繊維を汁ごと口に入れて味わってみた。口の中では繊維がフワフワし、そこに葛からのトロみがトロロと広がり、それを味噌のうまじょっぱみとダシのうま味が包み込んで、普通の味噌汁と著しい違いはない。

この紙餅の汁を味わったのだが、これが救荒食となるのかといえば些(いささ)かの疑問が私には残った。相当大量の紙餅をつくって、それを穀物の代用にするのならわかるが、それだけの量をつくる労力は大変だろうと思ったからである。もしかしたら、この紙餅を鍋で煮るとき、救荒食に使われたドングリの実の粉や栃の実の粉、あるいは粟や稗なども一緒に煮て、その増量を図ったのかもしれない。

## 自分自身を被験者とした大掛かりな人体実験

次に私は、古文書に記されているこの紙餅の効果である健康保持について検証してみることにした。というのは、紙の繊維は不消化物で、これが腸を通過するとき、整腸作用を果たすのだ、ということぐらいは発酵学者の私でも知っているからである。これを紙餅で検証するとなれば、あらかじめ医学的知見も調べておかなければならないと思った。そこで不消化性繊維に関する生理学的、医学的研究を漁ってみたところ、パルプ繊維は驚くべき保健的機能性を保有していることがわかった。

そこでは、繊維を摂取することによる生理現象が臨床実験や疫学研究で検証されており、今問題となっている一連の生活習慣病予防ができることまでわかっているのである。その症例として便秘宿便から起こる大腸ガン、高カロリ動物性食品摂取過剰による高コレステロール症、動脈硬化症、肥満、心臓病、糖尿病等の予防が繊維摂取により可能であり、特に紙パルプのような不溶性の繊維は胃や腸などの消化器官を物理的に刺激して、インシュリンやホルモンの分泌を高めて便秘を解消し、糖尿病や直腸ガンを防ぐメカニズムが生じるのだという。

こんなに繊維は健康を保つために役立っているのかと思うと、江戸の人たちが紙まで食べる発想を起こして実践していたことには頭が下がる思いである。そこで私は、繊維の薬効が最も高いとされている整腸作用が紙餅にはあるのかどうかを確かめてみたくなった。そこで、今度は大掛かりな人体実験を私自身が被験者となって行うべく準備に入った。まず、例の渋谷の紙専門店に行って二三判奉書紙一〇枚を買ってきて、我が厨房「食魔亭」での紙餅づくりが始まった。一度試作しているので工程上に問題はなく、意外にスムーズに進んだ。奉書紙は一〇枚もあったので、いちいち鋏で切ることはせず、一枚一枚手で裂いた。そして五〇リットル容器のポリバケツに水をたっぷりと張り、そこに裂いた奉書紙を全部投入し、そのままにして置くと、紙は水を吸ってふやけ、そのうちに全て底に沈んでいく。そうなってからプラスティック製スクリュー攪拌棒四枚羽を投入し、電動で攪拌すると沈んでいた紙屑はいっせいに浮遊し出し、回転しながらボロボロに崩れていき、さらに攪拌していくと紙の形はまったく無くなり、微細な繊維だけが渦を巻くように回り始めるのであった。それをそのまま一夜放置して翌朝、底に白く美しい層をつくって沈んでいた繊維を再び攪拌棒を使って浮遊させ、ステンレス製の掬い網でどんどん掬い上げて集めた。それを圧搾用搾り袋に入れ、手動の圧搾器に移してからハンドルを回して圧搾していった。すると紙繊維はどんどんと搾られていき、下の排水口からは水がジュルジュルジュルと流れ出てきた。

もう水が出てこなくなったので、圧搾器から袋を取り出し、中から紙繊維を取り出して、それを大きな俎板の上にのせた。あとは計算量の味噌と葛を加え、よく練ってからゴルフボールの大きさに丸めた。丸めた紙餅は全部で三十三個となった。奉書紙一〇枚の重さが七八〇グラム、紙餅一個の重量は約四五グラムだった。その紙餅一個一個をラップに包み、それを冷凍庫に保管した。そしてこの紙餅を一日二回食べた。三三個あるので、半月の間の人体実験には対処できる。具体的摂取法は、一日二個解凍し、沸騰したダシ汁に入れて煮、それを味噌汁代わりにして朝食と夕食のとき食べた。紙餅を一日二個としたのは、繊維量が多いほど確実な結果が出るのではないかと期待してのことである。

## 理想的な大便がニョロニョロニョロニョロ……

とにかくこの方法で一日も欠かさず私は挑戦してみたのである。すると、開始してはや六日目から効果が現れた。私は毎日のように酒を飲むので、ややアルコール性軟便症の気味があったのだが、紙餅を食べて六日目の朝、何とも理想的な大便がニョロニョロニョロニョロ、スーッと出たのであった。おそらく何年かぶりで見る誠に立派な形と太さと美しい色と光沢(てり)があった上に、臭さがほとんど無かった。私は嬉しさの余りに流す前にしげしげと眺めた後、急いで便所にカメラを持ち込み撮影した。その写真は今でも私の財布に納められていて、「運が付くように」との呪(まじな)いをしている。その立派な大便はそれからも紙餅を食べている間、続いていた。

江戸時代は何もかも不便で、近くに病院があるわけもなく、薬局があるわけもない。自分の体は自分で守らなければならない社会の中で、江戸の人たちはさまざまな方法を発想し、試み、実践した。その結果、この紙餅という整腸食を編み出し、それを書物に残して後世に伝えていたのである。私はこの紙餅のことを知り、江戸の人たちの逞しさをつくづくと教えられたのであった。

## 第５章

# 「口噛み酒」という執念

『古事記』（仲哀天皇の条、気比の大神と酒楽の歌）に、応神天皇が越前国敦賀から帰られた際、母の神功皇后（仲哀天皇の后）が皇子の祝いの宴を催すための酒をつくったことが記されている。その時の酒造りの様子が「鼓を打ち、臼の周りを歌って舞いながら米を噛んで酒をつくった」と書かれている。つまり、その後の「酒を醸す」の語源は、米を口で噛んで酒をつくった「噛むす」に由来していることがわかるのである。糀の発明の少し前の時代、穀物の糖化は人の唾液に含まれている糖化酵素に頼っていたのである。

## ご飯を三分間噛んでいると口の中が甘くなる

酒は基本的には甘い糖分があり、アルコール発酵を起こす酵母がそこにいれば出来る。例えば甘いぶどうの実を搾った果汁に酵母を作用させれば、酵母はアルコール発酵を起こしてワインをつくる。そのメカニズムは、酵母は糖を菌体に取り入れてアルコールをつくり、その時のエネルギーで生きていく。しかし、菌体内に自分でつくったアルコールがいっぱい溜まると、そのアルコールによって死滅してしまうので、菌体外に排出する必要があり、その出てきたものがアルコール飲料というわけなのである。果物は直接糖分を持つから酒は比較的簡単にできるけれど、穀物である米や麦などは直ぐにはできない。そのため、穀物の主要成分であるデンプンを分解する必要がある。デンプンはぶどう糖の集合体なので、これを分解すればぶどう糖になるから酒はできる。例えば甘酒は、蒸した米に糀菌(こうじ)を生やして米糀をつくり、それに湯を加えて温かいところに置くと甘い甘い甘酒ができる。これは糀菌がつくったデンプン分解酵素が米のデンプンに作用し、デンプンを分解してぶどう糖にしてくれるから甘くなるので、そこに酵母が作用すると日本酒や焼酎になるわけである。

また、糀菌のいないヨーロッパやアメリカ、ロシア、アフリカ、中南米などでは、麦に芽を出

させて麦芽をつくると、その芽にデンプンを分解する酵素が含まれているので、それで糖化して麦芽糖をつくる。それに酵母を作用させるとビールができ、蒸留するとウィスキーになる。

では糀や麦芽の存在を知らなかった大昔に酒が無かったのかというとそうではなく、奈良時代の『播磨国風土記』には、「偶然に糀を発見しそれで酒をつくった」という記載がある。ところがそれより少し前に書かれた『古事記』には、「この御酒を醸みけむ人は、その鼓臼に立てて、歌ひつつ醸みけれかも、舞ひつつ醸みけれかも、この御酒の御酒の、あやにうた楽し」（訳：神様に捧げる酒をつくる人たちは、鼓を打ちながら臼の周りを歌って舞いながら口噛み酒をつくっている。こうして神に捧げる酒をつくることは何と楽しいことか）と書かれている。つまり糀が無いときは穀物を口に入れて噛んで、それで「口噛み酒」をつくっていたのである。

　これはどういうことかというと、人間の唾液の中にもデンプンを分解する酵素があるのだ。消化酵素のひとつで、デンプンを分解してぶどう糖をつくる力がとても強いのである。それを自分で確かめてみたいとするならば、ご飯を口に入れて三分も噛んでみるとわかる。普通の食事のとき、口の中にご飯を入れて噛んでもせいぜい三十秒ぐらいで呑み込んでしまうから気づかないだけで、もしこれを我慢して三分間も噛んでいると、口の中はもの凄く甘くなるのだ。それは米のデンプンがほとんどぶどう糖になってしまったためである。

　こうなると、その甘い飯(めし)噛みの口汁を何かの容器に吐き溜めておけば、空気中あるいは口の中にいた酵母がそこに侵入してアルコール発酵を起こし酒になるというわけである。これを一人でやるのは大変だし出来る酒の量もわずかなので、何人も集まってやる。また、じっと噛んでいるだけでは退屈するので鼓を打ち歌って舞いながら酒をつくった、というのが『古事記』の記述なのである。酒をつくることを「醸(かも)す」というが、その醸すの語源は「(米を)噛(か)むす」にあるのだ。

　では一体どんな人が噛んだのだろうか。神に捧げる酒なのだからどんな人でもよいというわけにはいかない。神に仕える汚れなき巫女(みこ)、というのが歴史上語られてきたのだけれども、必ずしもそうでないのは『大隅国風土記(おおすみのくにふどき)』の「くちかみの酒」の条(くだり)に「男女一所に集まりて、米をかみて、さかぶねに吐き入れて」との記述があることからわかり、特定されていない。

## 「口噛み酒づくりは歴史的実験考古学である」

　ところでそのような口噛みの酒の記述はあるものの、その酒が一体どんな味や匂いがして、また何日ぐらいでできるのか、の記述はまったくなく、ましてやアルコール度数は何パーセントぐらい出るのかといった研究もこれまで一切ないのである。そこで私は一念発起して口噛み酒をつくってみることにした。それには協力者が必要となるが、これはあくまで学術的意味を含んでいるので学生諸君にも参加してもらいたいと思った。そこで私が発酵学を教えている東京農業大学の研究室の学生たちに「未だ誰もが挑戦や研究をしてこなかった口噛み酒づくりは歴史的実験考古学である。参加してみる諸君はいないか。いたら挙手願いたい」と大いに鼓舞した。研究室の学生は酒造りや発酵現象に興味を持った学生ばかりなので、さっと六人の志願者が手を挙げてくれた。四人が女性、二人が男性だった。そこで俺は、直ぐに六人を研究室のミーティングルームに集めて作戦会議を始めた。まず役割分担をすることになり、私の考えを彼らに話すと異存なし、ということだった。そこで女性四人に口噛み役をしてもらい、彼女たちを「口噛みガールズ」と呼ぶことにした。男性二人には毎日の酒の成分変化を分析しながら、どんな酒かを追って行ってもらうことにした。

　そして六月中旬のある日、いよいよ実験を始めた。口噛みガールズの四人に、一人一〇〇グラムの蒸した米を少しずつ、ゆっくりと噛んでもらい、各自手に持った三〇〇ミリリットル容量のビーカーに吐き溜めてもらった。口の中に入れた蒸した米を嚙む時間は三分としたが、これでも米は十分に崩壊と溶解がされていて、唾液と混ざりトロトロの状態になっていた。各自一〇〇グラムの蒸し米を嚙んでビーカーに溜めたものは、大きな二リットル容量の三角フラスコに四人分を寄せ集め、その重量を測定すると四七二グラムとなった。そのフラスコの口の部分をガーゼで被い、それを輪ゴムで固定してから、屋外にある実験器具収納室の隅の方に置き、毎日分析と観察を行った。

口嚙み作業を行ったガールズたちには、その作業はかなり苦痛だったようで、その時の感想を書いてもらったところ、次のような面白い内容であった。「口嚙みの作業は大変であった。三分間嚙み続けるのも、何か本を読みながらなど気を紛(まぎ)らわせながらやらないと結構苦痛であった。なおも続けると、頭、とくにこめかみに痛みを感ずるようになり、ああ、これが米嚙みなんだわと、こめかみの語源、由来らしき状態を実体験できた。三分間一所懸命に嚙み続けると、ほとんどペースト状となり、もう嚙めなくなってビーカーに吐き出して溜めた」

さて発酵状態はどうであったろうか。私たちは毎日丹念に観察した。三日目まではほとんど変化はなかったが、四日目ごろになり小さな泡が表面に出てきて、発酵開始を確認した。すると五日目になって急に旺盛な発酵が起こり、全体がガスで膨らんできた。七日目になるとその膨らみも落ちついてきて、八日目以降は表面に少しの泡の発生を見るぐらいで、あとは静かになってきた。そのまま一〇日目まで置き、発酵は終了したものと判断したので、それを濾過し、得られた液体を男子学生に分析させた。

## アルコール度数は何と九度もあった！

濾過している間、その辺りには甘ったるい酒の匂いがしてきて、吐き溜めたトロトロの醪(もろみ)は間違いなく発酵していたことがわかり、私もガールズも分析メンも歓声を上げた。濾過して得られた酒を皆で味わってみたところ、香りは通常の日本酒にやや似てはいるが、全体的には甘酸っぱい香りとアルコールの匂いが少しする程度であった。口に含んで味を見てみると、アルコールの辛み、飯の甘み、そしてかなり強い酸味がしてきて、そう美味しいものとは言えず、天下の美禄にはやや遠い感じがあった。

ところが分析してみて驚いた。何とアルコール度数は九度もあり、これはビールのほぼ二倍でワインにも迫るほどだった。日本の酒税法では、アルコール一度を含むものを酒類と決められているので、この口噛み酒は堂々の酒ということになる。大昔の人が、執念の一徹で本気で口噛み酒を醸したのもわかるような気がした。実験に参加してくれた六人の学生諸君は、この歴史的実験考古学に参加して本当によかったと感激していたが、その中のある男子学生は卒業式の日に私のところに来て、

「先生、お世話になりました。大学生活の中で最も印象に残ったのは口噛みで酒をつくったことです。このことは生涯忘れられません。ありがとうございました」

と言ってくれたのであった。

第 6 章

# 「毒消し」という奇跡

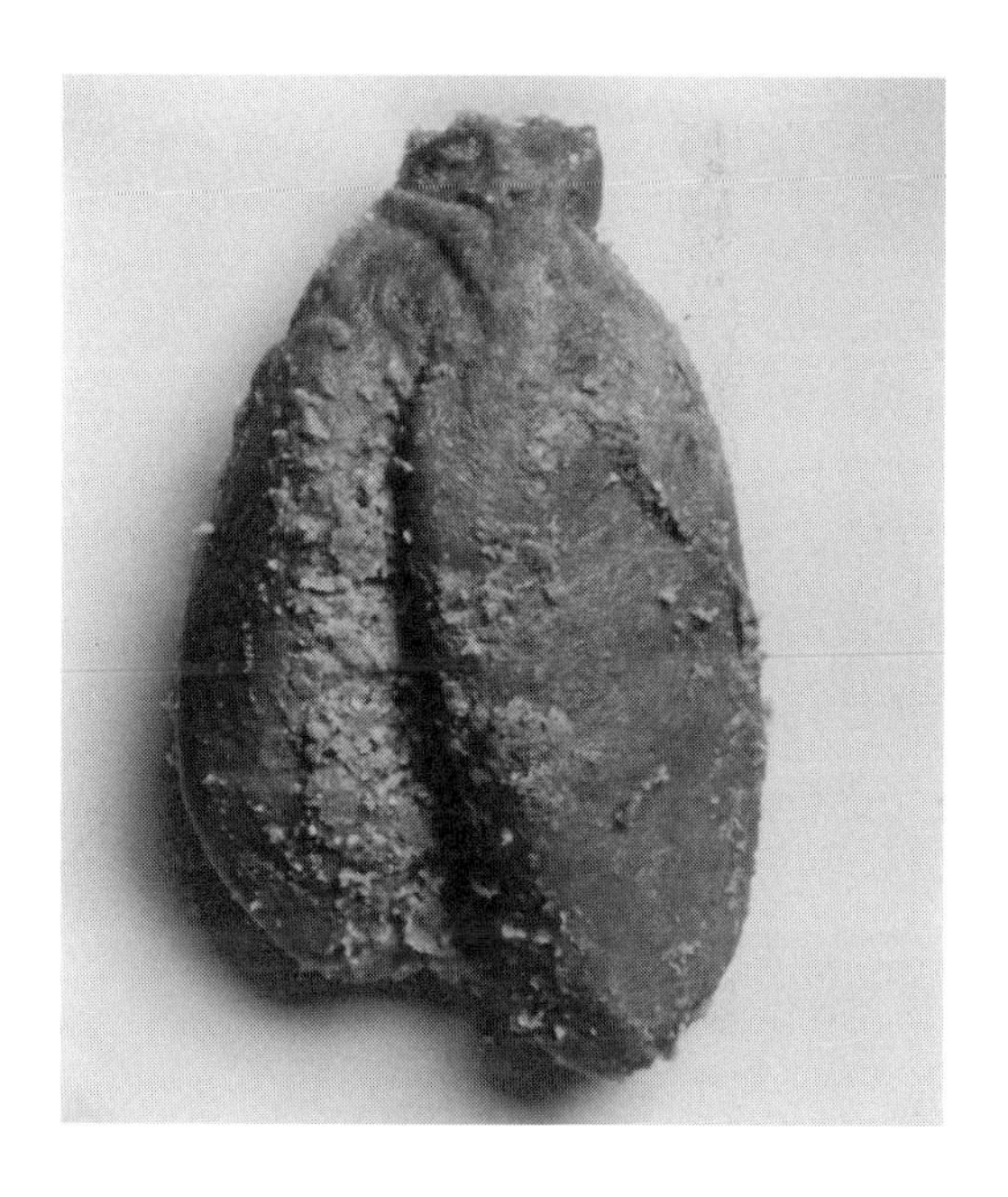

フグの卵巣には、青酸カリの850倍という毒性の強い猛毒テトロドトキシンが含まれている。従ってそれを食べたら死に至ることは当然であるが、このフグの卵巣の糠漬けにはテトロドトキシンが無い。糠みその中に長期間漬け込んで秘伝の発酵を行うと、毒が抜けてしまうのである。だから安全なので、この写真の糠漬けは石川県白山市で売られているものである。食べてもとても美味しい。私はこのように毒の消える発酵現象を「解毒発酵」と名付けた。発酵微生物は超能力を持っていて、発酵はマジックでもあるのだ。

## 単独で食の世界遺産に登録できる

この地球上で最も珍しい発酵食品は何か？　という質問をよく受ける。私は迷わず、「それは日本の石川県でつくられているフグの卵巣の糠漬けでしょう。世界広しといえども全く他例のない驚くべきもので、単独で食の世界遺産に登録できるほどのものです。なにせ、あの猛毒が詰まっているフグの卵巣を食べてしまう民族など、発酵王国である日本人以外、見当たりません」と答える。人間が行ってきた食品加工の技術の中に「毒抜き」というものがあるが、発酵法によって毒を抜く方法は世界中捜してもほとんど見当たらない。

世にも不思議なフグの卵巣の毒抜き発酵は、すでに江戸時代から佐渡島、能登半島、加賀国（石川県）美川で行われてきた。日本海を周遊する北前船が、フグが大漁されるこれらの地域に伝播させたのではないかと見られている。日本海のこの付近ではマフグ、ゴマフグ、アカメフグ、サバフグ、ショウサイフグといった猛毒を持ったフグが大量に水揚げされてきた。その身は糠漬けにして保存食としていたが、何と毒が一番多く集積されている卵巣まで糠漬けにして食べてしまうのだから奇跡だ。毒フグの卵巣には猛毒のテトロドトキシンがあるのは周知の通りで、この成分の毒性は青酸カリの何と八五〇倍もあり、大形のトラフグあたりだと一匹分の卵巣で大人五

○人以上を致死させるほどだという。

ところがこれを発酵によって解毒し食べてしまうというのだから、実に独創的な発想である。勿論世界に類例など全くなく、まさに発酵王国、漬け物大国、魚食民族ならではの知恵から生まれた発酵食品である。

今は金沢市に近い石川県白山市美川町（合併後は美川北町）でつくられているが、ここには江戸時代の天保元年（一八三〇）に創業した「あら与」という老舗があり、私はここに行ってそのつくり方を何度も見学してきた。七代目に当たる荒木敏明氏に案内してもらうのだが、江戸時代すでにこのような解毒発酵が行われていたというのだから感動しないわけにはいかない。

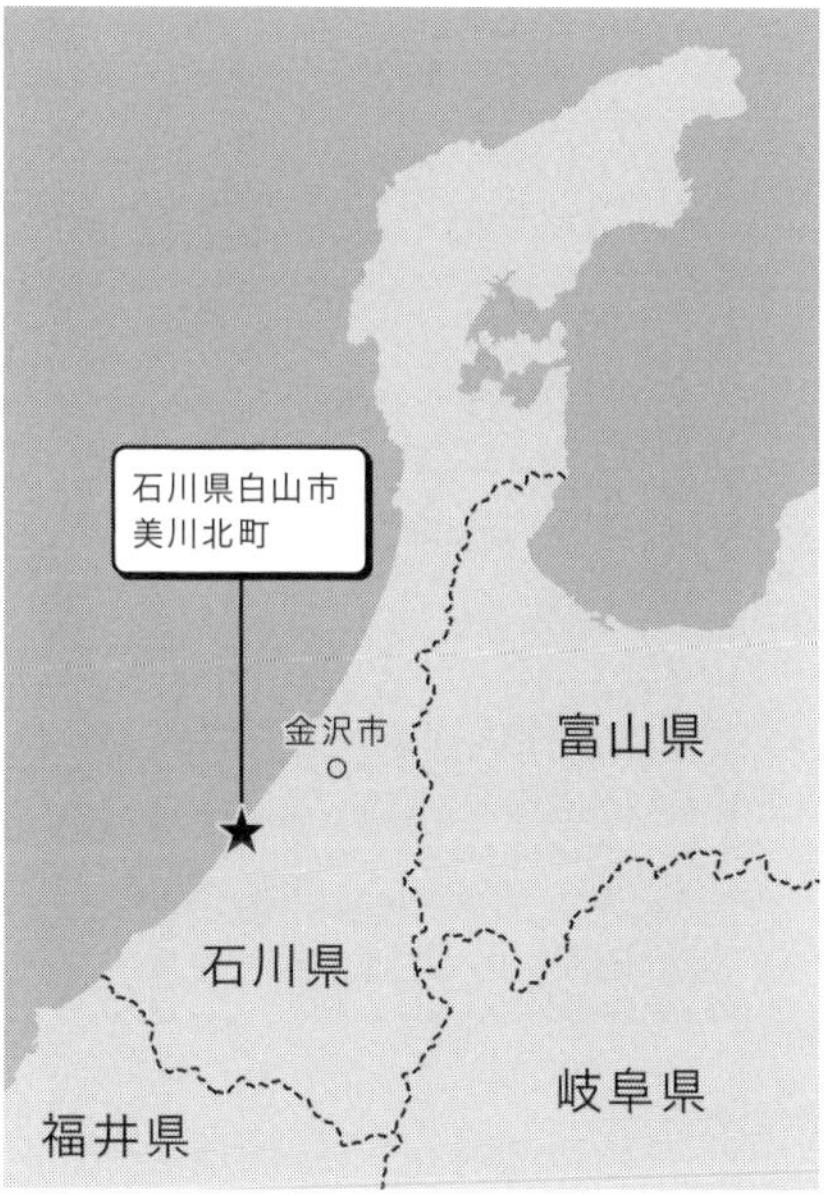

まずそのつくり方だが、新鮮なフグを解体して卵巣を取り出し、三〇パーセントもの塩で塩漬けし、そのまま一年ほど保存する。その間、二～三ヶ月に一度塩を換えて漬け直すが、塩の量はだんだん少なくしていく。塩漬けの期間、卵巣の

水分は外に出ていくのでこのとき毒もかなり抜ける。しかし組織に付いている毒はなかなか抜けず、そのまま卵巣に残るものもある。次に糠に漬け込むが、この際、少量の糀とイワシの塩蔵汁を加える。こうして糠に漬け込み、重石をして二年から三年発酵させて完成となる。

食べるまでに三年から四年もかけているあたりはまさに悠久の日本人といった大らかさを感じるが、この珍しい食品の

フグの子糠漬け発酵の最後の頃になると、漬け桶が美しい赤色になってくる。桶の外に滲み出てきた高濃度の食塩に、好塩性赤色酵母ロッド・トルラが繁殖したのだろう。

発想の背景には、日本人の食に対する飽くなき探求心や、食材利用への凄まじい執念、発酵王国としての伝統、魚食民族の意地といったさまざまな執念が織り込まれているのである。

この毒抜きのメカニズムは、まず塩漬けの工程で毒が卵巣外に流出し、次に糠漬けの期間に残留した毒が、耐塩性乳酸菌や耐塩性酵母などを中心とした耐塩性発酵菌の作用を受けて分解され、解毒されるものと推測されている。大根やキュウリの糠漬けを含めて、発酵中の糠みその一グラム中にはおよそ二億個以上の発酵微生物が活動しているのだから、彼らにかかったら、百発百中の猛毒フグでも弾を抜かれた鉄砲のようになってしまうわけである。ただし、このフグの卵巣の

糠漬けの製法には幾つかの秘伝があるのだから、私たち素人にはつくれない。「よし、俺もいっちょうつくってみっか」などという冒険心は危険なので絶対にいけない。

このフグの卵巣の食べ方は、卵巣のほんの少しずつを箸でほぐし、酒の肴やご飯のおかずにするほか、丼に七分目ぐらいの熱いご飯を盛り、その上に卵巣をほぐして撒き、上から熱湯を被せてよくかき混ぜて食べる湯づけがうまい。

## 「危険な実」からつくられる美味しい味噌

微生物によるこのような「解毒発酵」は日本には他にもある。南西諸島、例えば鹿児島県奄美大島諸島や沖縄県伊平屋島、伊江島、伊是名島などでは有毒種子の蘇鉄の実から毒を抜き、それで味噌をつくる伝統発酵食品がある。今日ではほとんどつくられなくなったが、私が調べてみたところ、今でもしっかりとそれをつくっているところが沖縄県粟国島にあることがわかり、調査に行ってきた。蘇鉄の実には豊富なデンプンが含まれていて、備荒食として飢饉時の重要な食糧となってきた。しかしかなりの量の毒性物質があり、そのまま食べると中毒を起こす。

その毒の成分はアゾキシメタン配糖体であるサイカシンである。この物質は収穫すると一旦メチルアゾキシメタノールに変化し、これが体内に入ると有毒のホルムアルデヒドに変化して急性中毒症（呼吸器系障害、鼻咽喉炎、皮膚炎など）を起こすのである。またサイカシンには、発ガン性のあることも報告されている。そのような危険な実を使って、あの美味しい味噌をつくるというの

であるから、その伝統技術を是非見たいものだと粟国島に飛んだ。この島は沖縄県那覇市の北西約六〇キロメートルの東シナ海に浮かぶ、周囲一二キロという小さな島である。

私は那覇空港から九人乗りの小型プロペラ旅客機「ブリテン・ノーマン・アイランダー」に乗り、約二五分で粟国空港に着いた。さすがに南国植物を象徴するだけあって、空港から市街地に続く道路の木々は蘇鉄ばかりであった。蘇鉄は昔から「捨てるところのない樹木」といわれて重宝されてきた植物である。葉や枝、樹皮は燃料に、実は食糧に利用されてきたので、昔は相当大量の実の毒抜きが行われたのであろう。この樹木の特徴は驚くほど多くの実を宿すことで、人の手によって受粉させると一つの花から四〇〇個もの実がとれるという。そのため飢饉の時には多くの人の命を救ったということである。雌花と雄花を五月に受粉させると、十月には真っ赤な実が収穫できる。

向かったのは東地区にある「粟国村離島振興総合センター」内に付属する「粟国農漁村生活研究会加工部」というところである。蘇鉄味噌づくりなどをしている婦人会の加工所で、リーダーは安谷屋英子（あだにやえいこ）さんである。この加工部は三五年の歴史があり、これまで数々の賞を受賞し、業績を残している。部員は一三名おり、粟国島の七十歳代の主婦の方々が中心となって運営されている。毎日四〜五人が出勤シフトを組み、「そてつ味噌」のほか「もちきびかりんとう」や「黒糖ようかん」などの島の特産品を製造、販売している。またすばらしいことに、小学生や中学生に伝統食品の加工体験などを通して島の食文化も伝えているということである。

さて、安谷屋さんたちが蘇鉄味噌をつくっている作業を通し、私はずっとその流れを追いながら味噌づくりを見せてもらった。また昼食時間や休憩のときなどにも話を聞きながら、蘇鉄味噌のつくり方をまとめてみると次のようであった。真っ赤な実を収穫したら直ぐに二つに割り、一ヶ月ほど天日で干す。それを甕（かめ）に入れて水を加えてよく洗い、きれいな水に浸して一週間ほど置いておくと、空気中から微生物が侵入してきて増殖と発酵を起こす。この時の微生物の活動によって毒性物質のサイカシンは分解されて無毒化する。毒が抜けた実は、きれいな水でよく洗って再び天日で干し、十分に乾燥してからそれを粉砕機で（昔は石臼（いしうす）で搗（つ）いた）粉状にする。

仕込みは、前日煮て冷ましておいた大豆に米糀、蘇鉄の粉、塩を混ぜ合わせてから挽き機（ミンチ機）にかける。一度挽いたものを再度挽いて、それを仕込み樽の底から詰めていく。そして最後に蓋をし、その上に「味噌がうまくできますように」と魔除けの「サン」を置く。「サン」はススキ科の植物の長い葉を結んだもので、魔物（マムジン）が来ると味噌を腐らせてしまうので、「サン」の葉に付いているギザギザのトゲでマムジンを祓（はら）うのだそうだ。こうして夏場の仕込みでは五ヶ月、冬場だと十ヶ月常温で発酵させ、その後一〇度の低温庫に移して熟成させ、仕込みから約一年経ってから食べるということであった。

出来上がっていた味噌を味わってみたが、塩角（しおかど）はすっかりとれてマイルドになり、うま味と甘みがあってなかなかのものであった。この蘇鉄味噌は、琉球料理である豚肉を使った甘い「油みそ」（アンダンスー）には欠かせないもので、ほかに魚みそ、イカみそ、地豆（ジムマイ）みそ、卵みそ、苦瓜（ゴーヤー）みそなどをつくるときにも重宝される「島みそ」なのである。

## 乳酸菌、酪酸菌、糀菌の活躍

さて、有毒物質サイカシンの解毒発酵のことであるが、これを起した発酵菌はおそらく主体が乳酸菌で、酪酸菌の一種もわずかに加わったのだと思う。というのは、私がかつて沖縄で行った研究なのであるが、泡盛という焼酎をつくる時、古式製造法のひとつに「シー汁浸漬法」というのがある。これは米を桶に入れ、そこに水を張って一週間置いておくと空気中から菌が落下してきてそこで発酵を起こす。この菌を分離してみると、ほとんどが乳酸菌で少し酪酸菌も生息している。蘇鉄の実の乾燥物を甕に入れて水を張って一週間置くと、シー汁浸漬とほとんど条件は同じなのでやはり乳酸菌が侵入してくることは必定で、乳酸菌がサイカシンを分解したものと推測される。

一方、私は今回、粟国島での蘇鉄味噌の製造を見せてもらったが、以前、沖永良部島（おきのえらぶ）（鹿児島県）で見た蘇鉄味噌づくりでは、乾燥した実を粉砕し、それを蒸してから糀菌を付けて生やし「蘇鉄糀」をつくって仕込んでいた。実は糀菌はサイカシンを分解することはすでに研究報告されていて、つまり沖永良部島方式では、糀菌により解毒発酵がされているのであった。粟国島での浸漬法による解毒、沖永良部島での糀菌による解毒。それぞれに方法と分解菌は異なるものの、目的達成のために昔の人たちのとった技法は誠に正しい方向に進んでいた。

第 7 章

# 「固体発酵」という妙技

中国の酒造り（蒸留酒）は土に大きな穴を掘り、そこに原料の穀物（高粱や麦）と大曲（日本でいう麹）を入れて発酵させ、それを掘り出してから蒸留して酒をつくる。すなわち水を原料とせず、固体状の穀物だけで酒を造るという、実にユニークな方法で行われているのである。こうして固体発酵を行い蒸留すると、非常にアルコール度数の高い酒が得られるだけでなく、蒸留残渣は栄養豊富な発酵飼料となるから、それを豚に与え、豚から肉を得る。つまり中国では酒をつくりながら豚肉という肴まで得ている。写真は中国の麹の大曲で、レンガのような形をしており日本の麹とはまったく違う。

## 世界一アルコール度数の高い酒

世界中のほとんどの酒は液体状で造るのであるけれども、ただひとつだけ、土に大きな穴を掘り、その中で原料の穀物を固体状のまま発酵させて酒をつくるものがある。中国の茅台酒（マオタイチュウ）に代表される蒸留酒の白酒（パイチュウ）がそれである。古来から多くの部分が謎に包まれていたため、なおさら神秘的なものとして語り継がれてきた。

その特殊な発酵法が一九三〇年代に入って明るみに出されると、それは世界に類例を見ないものなので、大きな話題となった。この時の、世界中の発酵学者や醸造学者の驚きは、おそらく秦の始皇帝の陵の近くから偶然に発掘された兵馬俑坑（へいばようこう）を知った時の世界中の古代学者の驚きと同じぐらいのものであったろう。それまで酒は、容器の中で液体状で発酵するものというのが常識だったのに、中国の白酒は土の中で、しかも固体状の原料のままで発酵させるというのだから凄い。このユニークな発酵法を、発酵学者は「固体発酵」あるいは「固形発酵」と呼んでいる。私もこの発酵を知ってからはとても興味を持ち、これまで何度も現地で調査をする機会があった。そこで固体発酵の概要から述べていくことにする。

まず主原料の小麦や高粱（コウリャン）を粉砕し、蒸すときに蒸気の通りをよくするために籾殻（もみがら）や落花生の殻

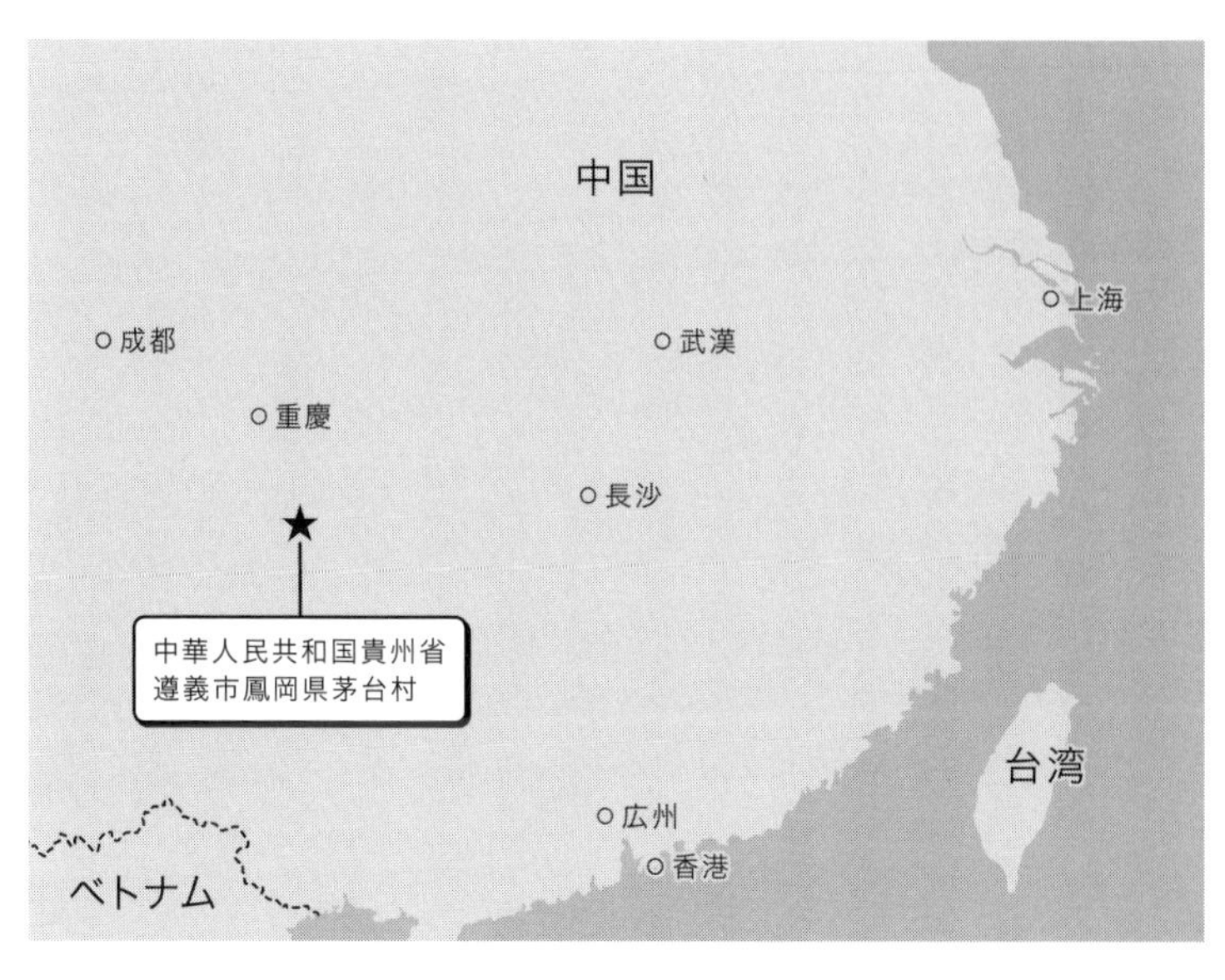


を混ぜた後、これに撒水して湿り気を与え、甑で蒸す。これを三〇度ぐらいまで冷却した後、曲（日本でいえば糀のこと）を粉砕したものを加え、よく混ぜ合わせてから固体発酵槽という大きな土の穴に入れる。この穴はとても大きく、深さ二・五メートル、縦三・五メートル、横四・五メートルの長方形で、この穴を「窖」と呼んでいる。この窖に移し終えたらその表面に筵を被せ、さらにその上に土を山のように被せて土饅頭の形にする。こうして土の中で原料を発酵させるが、短いもので三ヶ月、長いものでは一年をかける。発酵期間の長いものほど、多種の発酵微生物の作用を受け、複雑で絶妙な香りが与えられる。そのため白酒で最も有名な茅台酒などは、一年をはるかに超える発酵期間を施している。

窖の中では、原料中のデンプンが曲の糖化

作用を受けてブドウ糖になり、これに窖の土壁や土床に生息している酵母が作用してアルコールや香気成分が生成される。窖は古いものほど良い白酒を生むが、それは窖の中に生息する発酵微生物群を長い間育んできたためで、古い窖の酒ほど値段が高い。そのため新たな窖をつくるときには、古い窖の土床や壁などを少し取り、これを新しく掘った窖の土で培養してから新窖の土床や壁に塗りつけるのである。名窖となるには何十年とかかり、現在最も古い窖は貴州省茅台村にある明（ミン）の時代のものである。

固体発酵を終えると、窖の上の土饅頭を除き、窖の中から発酵を終えてアルコールの匂いがプンプンと立つ発酵物を掘り出す。この固体の発酵物を「酒醅（チュウペイ）」と呼ぶが、その酒醅にはアルコールが五〜八パーセントも含まれている。これを蒸留するのであるが、何せ一滴の水も原料に使っていないので、蒸留されて出てくる成分はアルコールと香気成分だけということになる。従ってたった一度だけの蒸留でアルコール分は五五パーセントから七〇パーセントもの高い濃度になるのが、この固体発酵の最大の特徴である。そのため中国の白酒は世界一アルコール度数の高い酒といわれ、その代表が茅台酒、汾酒（フエンチユウ）、西鳳酒（ジイフオンチユウ）、五粮酒（ウリイアンチユウ）などで、アルコール度数は市販されているもので五五パーセントもある。

## 発酵効率が悪く、原料利用率が低い

さて問題はここからである。中国ではなぜこのような固体発酵がとられたのか謎であり、未解決なのである。水を節約しようとしたのだろうという人もいるが、大きな白酒工場の近くには必ず川が沢山流れているので、それは当たらない。木で桶をつくる必要がないからという人もいるが、中国の地方には桶の材料は多いし、仕事場や家庭で桶は大切な道具なので桶職人は多数いるから、それも妥当な考えとは言えない。土に穴を掘って窖をつくっておけば、何百年でも使えるから極めて合理的であるとする人もいる。これは一理ある考え方でもあるが、しかし、よく考えてみると、たとえそのような理由だとしても、最も大切な点が謎として残ってしまう。それは、固体発酵は液体発酵に比べ発酵効率が非常に悪く、従って原料利用率が低いという点である。せっかく大切な穀物を酒の原料にしているのに、これではとても勿体ない。それなのに固体発酵が何百年も続けられているのは、ある意味で原料利用率が悪いのを承知の上で行ってきたとしか言いようがないのだ。言い換えれば、固体発酵に使う原料分をそのまま液体発酵で行ったとしたならば、得られる酒の量は倍以上になるのに敢えて行われないのである。

私は中国の白酒工場に何度も行った経験はあるが、なぜ固体発酵をするのかという謎は解明できなかった。そこでどうしてもこの謎を解明したいものだと、またもや現地に行って確かめて来ようと決心した。成田から香港経由で貴州（コイチョウ）省の貴陽（コイヤン）市に行き、そこから列車に乗って遵義（ツンイー）市に入った。この町の隣が有名な茅台村で、そこで白酒の代表的名酒「茅台酒」がつくられている。香港からは旧知で通訳の張文清氏が同行してくれた。遵義で一泊した翌朝早く、張氏があらかじめ手配しておいた車で茅台村に向い、一時間ほどで国営茅台酒廠に着いた。「廠」とは工場とい

(1)クモノスカビで大曲をつくる。

(2)原料の穀物（高粱や麦）を蒸す。

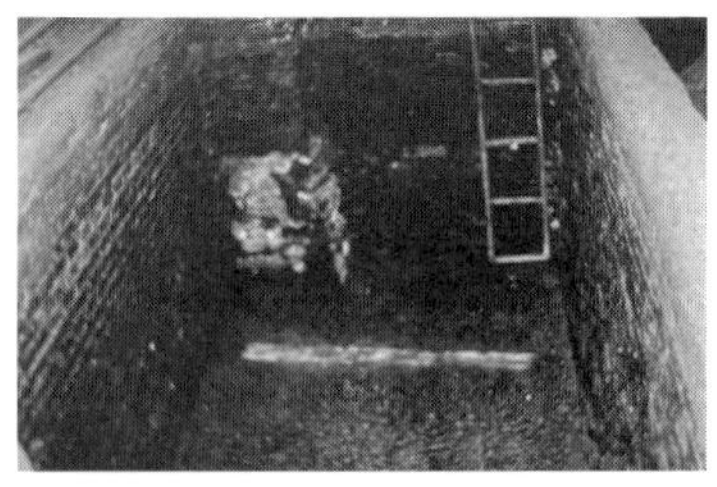

(3)土に掘った大きな穴（窖）に蒸した穀物と砕いた大曲を投入する。

(4)その窖に土を被せて、中の穀物を発酵させる。

(5)発酵した穀物を掘り出して蒸留する。

(6)蒸留した酒を甕に入れて熟成させる。

(7)熟成具合を確かめて出荷。

う意味である。私はこの酒廠は二度目の訪問だが、前回は、あまりに巨大な施設なので一体どこをどう見たのかも記憶がないほどであった。だから今回こそはじっくりと見学し、できれば固体発酵の謎解きをしたいと思った。

見学の申し込みは、あらかじめ香港に事務所のある張さんの旅行会社からしてもらっていたので、比較的速やかに入廠することができた。案内してくれたのは四十歳ぐらいの女性で、研究職でも生産現場の人でもなく、案内専門の人のようであった。原料処理から窖への原料投入、土饅頭の風景、酒醅の掘り出し、蒸留そして貯蔵まで一連の工程を見せていただき、要した時間は一時間半ほどであった。見学途中、歩きながら案内の女性に「なぜ固体発酵を行う必要があるのですか」、「固体発酵をどう思いますか」などと聞いてみたのだが、「その辺りはまだわかっていないようです」とか、「白酒づくりにはこの方法が一番良いので行っていると思います」といったとても抽象的な答しか返ってこなかった。

## 仰天のトラック部隊に俺の第六感は微妙に反応するのであった

見学を終えて、一度遵義市のホテルに戻ろうと、待たせておいた車に乗って走り出した。大きな酒廠なので、構内をずいぶんと移動し、やっとの思いで外に出ると、今度は道路が一方通行となっていた。そこで、酒廠を囲むように続いている周回路を半周する形で正門とは逆の裏門に出、そこからなんとか本道に出た。ところがそこで、私は異様な光景に出くわした。その裏門は酒廠への車の通用門にもなっていて、その門を先頭に荷を積んでいない青色をした大型ダンプカーやトラックが長蛇の列を成して停車しているのであった。先頭から見るとその列の最後は遠く彼方で、おそらく五〇台は続いているのではないだろうか。とにかく、その仰天のトラック部隊に俺の第六感は微妙に反応するのであった。

しばらく車を停めて観察していると、今度はその通用門から荷台に山のように荷を積み、その上をテントで被ったトラックが次々に出てくるのであった。一体、この酒廠から何を運び出そうとしているのか、俄然知りたくなった。そこで私は張氏に、

「あの先頭を走るトラックの後ろにこの車を付けて、どこに何を運んで行くのかを確めてみたいのだ。運転手にそう言って欲しい」

と指示した。そのことが運転手に伝わったとたんに、私たちの乗った乗用車はスピードを上げて次々に前を行くトラックを抜き去り、ついには先頭から三番目を走っていたトラックの後ろに割り込んだ。その位置を保ちながら二〇分も行くと、風景は一変して広大で長閑な田園地帯となった。しばらくして、定規を持ってきて測ったかのような見事に交差した十字路に差し掛かると、ちょうど信号が赤になり先頭のトラック以下全てが停止した。そして青信号に変わると、とても面白いことが起った。先頭のトラックはその十字路で左折し、二番目は右折、そして私たちの乗用車の前を走っていた三番目は直進するのであった。全く違った方向に荷物を運んで行くものだから、私の頭はますます混乱してしまった。そこで私たちの車も左折して、先頭を走っていたト

ラックに追い付き、それから十五分ほど並走して行くと、右前方に、平舎（ひらや）の建物が幾つも連なって並んでいる規模の大きな施設が現れてきた。

　トラックはそこの建物の正面入口の門から入って行った。私たちの車は門の近くに停車して、しばらく様子を窺っていると、荷を積んだトラックが次々に入って行くのである。それを見ながら、張氏と運転手が何やら話していたが、

「今ね、運転手に聞いたらここは仁懐（レンホワイ）養豚場というところで、貴州省では一番大きな豚の生産場なのね。この周辺には国営の大規模な養豚場が幾つもあるそうですね」

　と張氏は言うのであった。そこで私は、張氏に養豚場を見学することができるかどうかを聞きに行ってもらうことにした。彼は車を降りて門衛が立っているところに行き、何事か話を交しているると、相手は一旦門内に消え、しばらくして戻ってきて返事を張氏にくれた。

「紹介者もないし、突然のことなので駄目ということね。その上ね、外部から持ち込んだ菌で豚が感染することを極度に警戒しているので駄目とも言っていたよ」

　私はその返事を聞いて、当然のことだと思い残念ではあったが諦めることにした。そこで再び張氏に、

「見学が駄目ならば、せめて話だけでも聞いてきて欲しいのだが。それは茅台酒廠からトラックで運んできているのは何なのか、ただそれだけでいいから聞いてくれると有難い」

　と言うと、再度彼は門衛のところに行き言葉を交していると、そのうちに門の中に消えて行っ

た。そしておよそ一五分ほど経ってから戻ってきて、

「あれね酒糟(チユウソウ)と言って蒸留した後の糟(かす)のことよ。それをね、豚に食わせて育てる。豚はその糟が大好きで、凄くよく食うよ。これを食わせて育てると病気はしないし、成長も早いし、その上、肉質も上等になると教えてくれたね」

と報告してくれた。

「そうか、運んでいたのは白酒の蒸留糟だったのか。それを豚に食わせ肉を得るということだったんだ」

と、私は独り言をいいながら車の中で更に熟考した。

## 謎が解けた！

すると、じんわりとある考えが頭の中に湧き出してきた。それは、私がこの茅台村までできた目的、すなわち世界中にここしかない不思議な固体発酵を行う謎の答は、この養豚のためではあるまいか、と思ったのである。とにかく中国人は、昔から豚肉を大量に消費してきた民族である。少し前に聞いたところでは、中国の豚の生産量は断然トップの世界第一位。実に地球全体の生産量の四割を占めているというのだ。その豚は大食漢で、中国全土に豚肉を供給するためには、膨大な量の飼料が必要となり、それを穀物で賄うのは莫大な費用がかかる。かといって国民が食べ残した残飯を集めてきて餌にするのは物理的に見て不可能である。

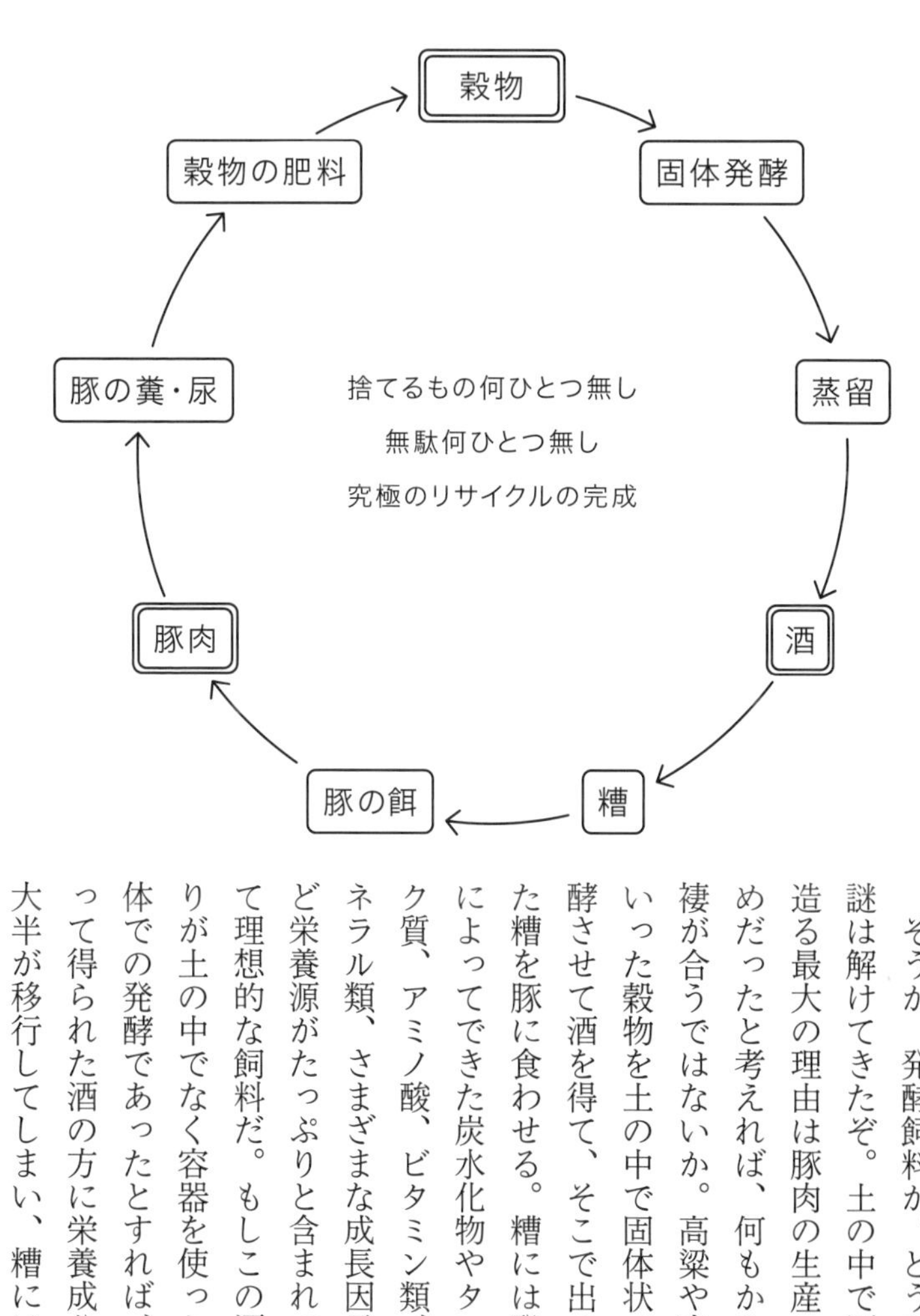


そうか、発酵飼料か。どうやら謎は解けてきたぞ。土の中で酒を造る最大の理由は豚肉の生産のためだったと考えれば、何もかも辻褄が合うではないか。高粱や麦といった穀物を土の中で固体状で発酵させて酒を得て、そこで出てきた糟を豚に食わせる。糟には発酵によってできた炭水化物やタンパク質、アミノ酸、ビタミン類、ミネラル類、さまざまな成長因子など栄養源がたっぷりと含まれていて理想的な飼料だ。もしこの酒造りが土の中でなく容器を使った液体での発酵であったとすれば、搾って得られた酒の方に栄養成分の大半が移行してしまい、糟には飼

料としての価値はほとんど無くなる。

　科学が爛熟した今の時代に、中国では未だに土に穴を掘って、その中で酒を醸すという非科学的とも言える謎が残っていた。私はその不思議を解くために中国に飛び、現場を見て私流に解決して帰ってきた。そして、それを循環図としてこのようにノートに記述し、この謎解きに終止符を打ったのである。

第 8 章

# 「豆味噌」という異才

味噌を原料で分類すると「米味噌」、「麦味噌」、「豆味噌」の三種に分けることができる。この中で「豆味噌」は、とても個性の強い味噌で、味が濃く、色が濃く、そして栄養分に至っては牛肉の汁にも匹敵するほどのスタミナ食なのである。そのため徳川家康は、強い兵隊をつくるため、三河の地から豆味噌を出さなかったとも言われている。豆味噌は蒸煮した大豆に麹菌を増殖させた大豆麹に、食塩だけを加えて発酵させた味噌のことで、三河を中心に東海地区に陸封された不思議な味噌なのである（写真提供：愛知県豊田市野田味噌商店）。

## なぜ三河、尾張が豆味噌地帯なのか

徳川家康は天文十一年（一五四二）、今の愛知県岡崎市にある岡崎城内で松平竹千代として生まれた。しかし六歳で織田信秀（信長の父）、八歳で今川義元の人質となり、少年期を他国で過ごしたが、永禄三年（一五六〇）の桶狭間の合戦で今川義元が戦死したことを契機に自立、以来岡崎城を拠点として天下統一という偉業の基礎を固めた。

その岡崎市には三五〇年以上も前に創業した二軒の味噌屋があるが、この両老舗を含め愛知県の味噌屋はずっと豆味噌を醸し続けてきている。味噌は蒸煮した大豆に糀（こうじ）と塩を加え、長期間発酵させたものだが、使用する糀によって味噌の種類（名称）が変わってくる。大豆と米糀を使った味噌は「米味噌」、大豆と麦糀を使ったものは「麦味噌」、大豆と大豆糀を使ったものは「豆味噌」というのである。従って豆味噌はオール大豆使用の味噌ということになる。

さて、その味噌の種類の全国分布であるが、北海道、東北、関東、甲信越、北陸、関西地方はほとんどが米味噌地帯、四国は米味噌と麦味噌の混在地帯、九州は麦味噌地帯であるのだけれど、東海地方の三河、尾張、飛彈、美濃、伊勢の一部（愛知県、岐阜県、三重県）だけは豆味噌地帯なのである。とりわけ愛知県の三河地方（岡崎市、豊田市、豊橋市、碧南市、刈谷市、安城市、西尾市、知立市、

高浜市など）と尾張地方（名古屋市、一宮市、春日井市、犬山市、小牧市、稲沢市、清須市など）は、例外ないほど豆味噌をつくっているのはなぜなのだろうか。気候風土のためだという人もいるし、嗜好性の違いだという人もいるし、どうもはっきりしない。そこで私は、歴史的視点からその理由について検証してみることにした。

豆味噌は、米味噌や麦味噌と違って大豆のみでつくるという点が極めて特徴的である。その上、米糀と麦糀は、蒸した米や麦一粒一粒に糀菌が生える「散糀（ばらこうじ）」であるのに対し、大豆糀では蒸した大豆をおむすびのように丸く固め（これを味噌玉という）て、そこに糀菌を生やす「餅糀（もちこうじ）」の形をとっている。

実はこの餅糀をつくるのは今も中国、朝鮮半島、台湾、東南アジア各国であり、日本古来の糀である散糀とは全く別個の糀である。

結論から言うと、この餅糀は古代に朝鮮半島から来た渡来人によってもたらされたのである。その証拠に、日本の豆味噌づくりに見られる味噌玉とまったく同じものが今でも朝鮮半島にあって、それを「豉(メジュ)」と呼んでいる。中国の古代文献にも同じ字の「豉(シ)」というのがあるので、おそらく中国から朝鮮半島経由で伝わってきたのだろう。そのメジュを使ってつくった味噌が「甜醬(デンジャン)」、醬油が「干醬(カンジャン)」、唐辛子味噌が「苦椒醬(コチュジャン)」なのである。つまり朝鮮半島から高麗人が渡来し、そのとき「豉」が持ち込まれ、それが日本での味噌玉づくりになったと見てよいだろう。今でも韓国での「豉」のつくり方は今の日本の味噌玉つくりとまったく同じである。

高麗人による豆味噌の日本での伝播経路は、日本海から若狭湾の敦賀付近に入り、そこから陸路で近江の余呉(よご)、浅井(あざい)を抜けて関ヶ原から美濃平野に入り、まず飛彈味噌（この味噌も今も味噌玉を使った大豆だけの豆味噌である）で発達し、一部は北上して信州の一地区に及んだが大半はそれが三河に広がった。それは、三河の地は昔から大豆生産が盛んな土地である上に、矢作(やはぎ)川河口の近くには吉良塩田を持ち、さらにあちこちの河川からの伏流水も潤沢であったので、そこで一層発展していったのである。また、この三河、尾張、飛彈、美濃という地は気候も温暖で平野も多く、木曽川や長良(ながら)川、豊川、矢作川、揖斐(いび)川といった大河も流れているので昔から豊穣の地であった。そのため、戦国時代はこの地を巡って武将たちの抗争が絶えず、兵士の兵糧として大量の味噌を必要としたのである。その後、徳川家康が江戸に入城すると、岡崎、豊川、豊橋あたりの豆味噌が菱垣廻船や樽廻船によって江戸に運ばれ出し、いよいよこの地で豆味噌は発展したのである。

## 徳川兵も「こりゃたまらねぇ」

その豆味噌を巧みに利用したのは徳川家康だと言われている。とにかく大豆一〇〇パーセントの味噌なので、スタミナ源の補給には理想的なのである。大豆に含まれているタンパク質は体に摂取されると強力なスタミナ源となるからで、その含有量は和牛肉が平均一七～一八パーセントに対し、大豆は一五～一七パーセントもあり、牛肉と大差がない。つまり大豆は畑の牛肉なのである。これを戦いのときに兵隊に食べさせれば無敵の強力部隊ができる。家康は三河の地に大豆耕作を推奨し、三河湾での製塩を推進した。飯のおむすびに豆味噌を塗れば、飯に牛肉を塗ったのと同じになり、エネルギー源の炭水化物は十分に摂れ、そこにスタミナ源のタンパク質が重なる。さらに味噌には防腐効果があるので、長く持ち歩いても腐りにくい。その上、何と言っても美味い。豆味噌の濃厚なうま味に飯からの耽美なほどの甘み。徳川兵も「こりゃたまらねぇ」といっぱい食べたに違いない。

家康ゆかりの地といえば、愛知県岡崎市であるが、ここに豆味噌の名を全国に知らしめた「八丁味噌」の蔵元が今でも二社ある。実は昔から「八丁味噌」といったのではなく、江戸時代の岡崎に八町村という地名があり、それに由来する商品名である。その地名は明治時代に入って八町村→八帖村→八帖町になり、現在に至っている。この「八帖」を「八丁」として「八丁味噌」となった。岡崎の豆味噌は、江戸から明治にいたるまで「八丁味噌」とは呼ばずに江戸時代は「三州味噌」や「参州味噌」、明治に入って「岡崎味噌」、「三河味噌」と呼んでいた。大正期に入って「八丁味噌」となり、東京でもこの名で通るようになった。愛知県を中心に味噌玉をつくって仕込む味噌は今もすべて「豆味噌」で、「八丁味噌」もそのひとつである。

岡崎での豆味噌醸造は早川久右衛門蔵が正保二年（一六四五）、大田弥治右衛門蔵が延元二年（一三三七）である。両蔵は八町村（今の岡崎市八帖町）にあったので、そのうち早川家が「カクキュー味噌」、大田家は「まるや味噌」という商品名で豆味噌を売り出した。この岡崎の味噌を含め三河や尾張でつくられた豆味噌の出荷は、三河藩や尾張藩により厳しく管理されていた。例えば、岡崎城下及び岡崎領外への販売については「地廻当座帳」に記録が残されていて、その販売先は名古屋、知多、渥美、美濃、信州伊那谷まで、領内寺院、藩庁、旗本、役所、番所、茶屋、役人に限定されていた。徳川幕府が続いていたときには、豆味噌は地域限定品的要素があったが、幕藩体制が崩れて明治維新になると、豆味噌はいっきに全国に出荷されることになった。そして豆味噌がどんどん知られるようになるに従って愛好者が増えたのは、何と言ってもこの味噌の持つ魅力である。まず強烈なほどのうま味を有していて、ひと啜りしただけで目が覚めるほどの味の濃さだ。その上、うま味だけでなく特有の渋みと苦みがほのかに宿るのも印象的なのである。また香りが高いのは、この味噌は「寝かし味噌」といって、少なくとも二〜三年、長いものは数年間熟成させるので、その間に味噌は完熟し、あの豊潤な芳香を発生させるのである。また、光沢のある赤褐色は、豆腐や浅蜊（あさり）や蜆（しじみ）などの貝類、滑子（なめこ）や榎茸（えのきだけ）のような茸（きのこ）類などの味噌汁にして俄然美味しく、さらに煮魚や煮付けの照り出しに、さらには田楽のタレとして、さまざまな料理に使えて重宝だからである。

豆味噌のつくり方は、すでに述べたように味噌玉という糀をつくり、それを潰してから食塩と共に仕込む。そして以後は、極めて長期間の発酵と熟成を行うことで、異才というか一匹狼（いっぴきおおかみ）的な個性を持った味噌が得られるのである。

第９章

# 「メコン流域」という牙城

メコン川は中国のチベット高原に源流を発し、ミャンマー、ラオス、タイ、カンボジア、ベトナムの東南アジア5ヶ国を流れる総延長4350キロメートルの大河である。この川の特徴は魚介類が実に豊かなことで、生息する魚種は1200種以上、商業取引されている魚は180種以上である。世界の大河の中でも一平方キロメートル当たりの淡水魚漁獲量は世界一とされ、沿岸民族は魚を食料として重要なタンパク源としている。そのため魚を保存したり、嗜好のためにつくられる発酵食品は非常に多く、またつくり方も独創的である。写真はメコン川の魚のぶつ切りを塩水で発酵させたもので、この後魚は煮たり揚げたりして食べ、汁は濾して魚醤として利用する（ミャンマーの自由市場で）。

## 豊富な魚介類の保存法として発達

東南アジアは高温多湿のため降水量も地球上で最も多い地域のひとつである。そのためいずれの国にも大河が貫流しており、その代表がメコン川である。この川はチベットに源を発し、中国、ミャンマー、ラオス、タイ、カンボジアを経由してベトナム南部で南シナ海に注いでいる総延長四三五〇キロメートル、流域面積八一万平方キロメートルという大河である。山々には毎日、猛烈などしゃ降りの雨が襲ってくる。決まって午後の二時か三時頃から約二時間で、それこそバケツの水をひっくり返すの表現そのままだ。これをスコールと呼ぶが、山に降った大量の雨水は、山にいるミミズや昆虫、陸生カニ、ネズミ、モグラ、カエル、ヘビなどを運んでメコン川の支流に流れていき、それがやがて本流のメコンに注ぐものだから、川に棲む魚の格好の餌として供給される。その食物連鎖のため、メコン川は同じ大河のナイル川やアマゾン川と比べて比較にならないほどの漁獲高があり、たったの一平方キロメートルの範囲で獲れる魚介量は年間一〇トンとされ、流域各国に大きな経済効果をもたらしている。

私はこれまで、このメコン川流域の食文化や発酵食品の調査のために幾度も訪れ、記録してこれに関する著作も多数出版してきた。ここでは、私がメコン川流域で出合った珍しい発酵食品に

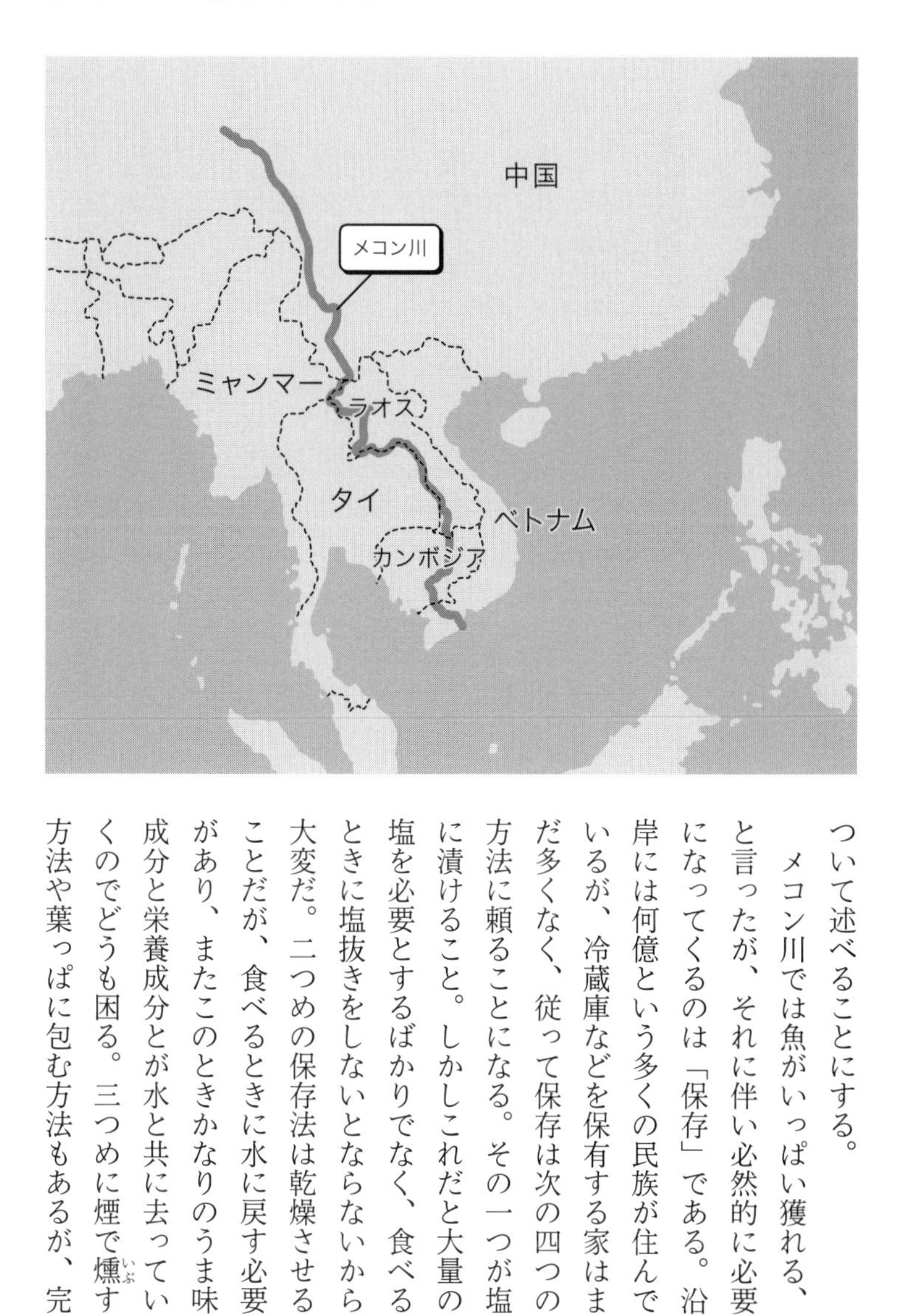


ついて述べることにする。

メコン川では魚がいっぱい獲れる、と言ったが、それに伴い必然的に必要になってくるのは「保存」である。沿岸には何億という多くの民族が住んでいるが、冷蔵庫などを保有する家はまだ多くなく、従って保存は次の四つの方法に頼ることになる。その一つが塩に漬けること。しかしこれだと大量の塩を必要とするばかりでなく、食べるときに塩抜きをしないとならないから大変だ。二つめの保存法は乾燥させることだが、食べるときに水に戻す必要があり、またこのときかなりのうま味成分と栄養成分とが水と共に去っていくのでどうも困る。三つめに煙で燻(いぶ)す方法や葉っぱに包む方法もあるが、完壁に腐敗を抑えることは難しい。そこで四つめの方法としてとられるのが発酵法である。発酵させることにより、腐敗菌の侵入を抑えることができるからだ。

例えば熟鮓（前述した「アケビの熟れずし」のときには、魚を使っていないものだったので「熟れずし」としたが、これから述べるのは魚を使ったものであるので「熟鮓」と書くことにする）を考えてみよう。魚に塩を少し加え、そこに炊いた飯あるいは糠を加えて発酵させるものだが、こうすると何ヶ月も、何年も、場合によっては何十年も保存することができる。保存だけでなく、うま味や酸味が付いたり、また栄養成分も劇的に高まる。そのためメコン川沿岸に住む多くの民族は、この発酵法を主体に魚介類の保存をしているのである。それでは発酵時に使う塩はどうするのだろうか。メコン川は海から遠く離れた内陸山間地を流れているので、海から塩を運ぶのは難しい。だがその必要はないのだ。塩は必ずしも海から来るものではなく、内陸部には岩塩や塩湖があって、メコン川の船を使えば、塩は上流から供給される。こうして、メコン川に暮らす民は発酵によって生活の一部が支えられているのである。

## 「魔性の匂い」タガメ醬油

タイの発酵食品といえば、その食卓に決して欠かせないものに魚醬があり、それがナン・プラーである。タイ語で「ナム」は汁を意味し、「プラー」は魚を意味する。ベトナムのニョク・マムと並ぶ、東南アジアの二大魚醬のひとつとされていて、原料や製法もよく似ている。

タイも、南部は海に面していて、北部や東部には大河メコンが流れていることから、イワシや小型のアジ、サバ類など海産物のほか、淡水産の魚類も漁獲されている。そして、これらを原料に塩を加えて発酵させ、それを濾して液体だけを取り出して、さらに熟成させて魚醤がつくられている。その代表がナン・プラーで、ナン・プラーを製造している比較的大きい工場は、タイ全土に二〇〇近くあるともいわれている。

ナン・プラーは、ベトナムのニョク・マムより匂いはマイルドともいわれるが、それでも相当臭い。臭いけれども、魚醤ならではのアミノ酸を多く含んでいるために濃厚なうま味があり、炒めものや揚げものに使うと、料理の香ばしさが増してやみつきになる。煮もののダシ、あるいはつけダレとして最高で、タイの食卓には欠かせない天然の発酵調味料である。

メコン川には巨大な魚が多い。この一番大きな魚は体長2.3メートル、干す前の体重133キロである。

虫を原料にした魚醤もあった。正しくは虫醤というのかもしれない。タイ、カンボジア、ミャンマー、ベトナムを中心としたメコン川流域で主につくられているタガメ醤油もそのひとつである。

原料のタガメはカメムシの一種で、水中に生息している昆虫である。見た目はゴキブリに角が生えたような形をしていて、大きなものは体長五〜六センチもある。虫というと、葉っぱをかじっているイメージがあるが、タガメは獰猛な肉食で、魚や小さなヘビの子供、オタマジャクシやカエルのほか、水棲鼠の嬰児のような小型哺乳類まで食べることがあるといわれている。昔は日本の全国の田圃で普通に見られたが、今は絶滅に瀕しているようだ。ただ、タイのタガメは日本のものより二回りも大きい。

メコン川流域には、現在も大型のタガメが大量に生息している。一帯は稲作が盛んで水田が多く、また沼や池も沢山あって、タガメにとってはエサが豊富で棲み心地のいい場所なのである。これらの地域の市場へ行くと、タガメが山盛りに積まれて売られている。

私がタガメ醤油を初めて目にしたのは、タイ北部の町の市場だった。巨大なタガメを一〇匹くらい詰め込んだ四合ビンの中に、ナン・プラーを注ぎ込まれて売っていた。こうすると、タガメから生体成分がじわじわ溶け出て、ナン・プラーとはまったく異なる風味の醤油ができあがる。

これがまた驚きの匂いなのである。なんと、ナン・プラーの匂いに混じってラ・フランス（洋ナシ）に似た甘い香りがするのである。これはタガメが異性にアピールしたり、仲間を識別するために放つフェロモンの一種の匂いで、タガメの外見からは想像もつかないロマンティックで甘くせつなく、また耽美で妖しい香りなのだ。私ははじめてこのタガメ醤油を舐めたとき、瞬時にとりこになってしまった。世に聞く「魔性の匂い」とは、まさにこれではないだろうか。紛れもなくラ・フランスの匂いなのである。

実際にタガメ醤油のとりこになったのは私だけではない。タイから帰国したあと、漫画家の東海林さだおさんにタガメ醤油を一本プレゼントしたら、その芳香に感激して、一瞬でタガメ醤油の大ファンになったのだ。それくらいタガメ醤油の香りは、人を魅了する妖しさに満ち満ちている。

## しょっぱくて、酸っぱくて、猛烈に臭くて、だけどうまい

「沢ガニ」を原料にした醤油は「プーケム」と呼び、やはりタイ北部の民族が漬けるものである。日本の有明海の「ガン漬け」に似ており、やや大きめの沢ガニを塩漬けしてから発酵と熟成を行う。主としてスープの味つけに使うが、細切りしたパパイヤにこの「プーケム」とナン・プラー、レモンの搾り汁をかけて食べるなど、サラダの調味料としても人気が高い。

川魚を炒(い)った粉砕米と塩とで漬け込んだのが「プララ」または「プラジョム」、あるいは「プラソム」という漬け物である。タイの内陸部には多くの川があって、そこにはプドーと呼ぶ、どこでも見られるナマズのような川魚がいる。それを三枚におろして漬け込む。使う米は炒ってから搗(つ)いて粉砕したもので、一〇パーセントほどの塩で漬け込み、一、二ヶ月で漬け上がる。

容器から取り出した「プララ」はほどよく酸味がのっていて、それを野菜と共にさまざまな香辛料を加えてココナッツミルクで煮ると、「プラドン」という高級な煮込み料理ができる。

タイの熟鮓は四つのタイプに大別できる。魚を原形のまま米飯と漬けた「パー・ソム」、魚や獣肉を切り刻んで肉を米飯で漬けたのが「パー・マム」、魚を麹(こうじ)で漬け込んだのが「パー・チャ

オ」、塩辛タイプのものが「パー・チャム」である。

このうち、東北タイでつくられているパー・ソムは、タイ語で「酸っぱい魚」を意味し、これも例にもれず、鼻が曲がるほど臭い食品である。原料は日本のフナによく似た淡水魚のパー・ソイで、このパー・ソイの頭と内臓を取り除き、炊いたもち米、塩、ニンニク、砂糖を混ぜて発酵・熟成させ、五日ほど置けばできあがりである。密閉しておけば五〇日間は保存できるという。もともと、トウガラシやニンニクなどの薬味をつけて生で食べていたが、現在は衛生上の理由から、油で揚げたり炒めたりして加熱してから食べることが多いようだ。

しょっぱくて、酸っぱくて、猛烈に臭くて、だけどうまい。そんな熟鮓に共通した香味を持つパー・ソムは、主食のもち米ご飯のおかずとして食べられている。

## ワイルドな製法の川ガニのニョク・マム

ベトナムにはニョク・マムがある。現地の言葉で「ニョク」は液体を意味し、「マム」は魚介類の発酵食品の総称だから、ニョク・マムは魚介類の発酵食品から得られた液体、すなわち魚醤のことである。

ベトナムは海に面しているだけでなく、メコン川を代表する多くの河川と巨大なデルタ地帯が存在するため、海水・淡水の魚介類の宝庫で、魚醤づくりには最高の地といえる。後で一部紹介するように、貝やエビ、カニのほか、カエル、ザリガニ、タガメなどを原料にした醤油もある。

その中でも最もポピュラーなのが雑魚（ざこ）に塩を加え、八ヶ月ほど発酵・熟成させてから搾って濾過したニョク・マムなのである。

ニョク・マムは、ベトナム人にとっての万能調味料で、煮ものや炒めもの、スープの味付けのほか、春巻きのつけダレ、フォーの味付けなどさまざまな料理に使われる。各家庭では、ニョク・マムに、ニンニクやトウガラシ、ベトナムラッキョ（エシャロット）、ライムジュース、砂糖などを混ぜて、ニョク・チャムという自家製のつけ汁として汎用しているケースも多い。

日本の醤油かけご飯のように、ニョク・マムをそのままご飯にかけたり、粥（かゆ）にニョク・マムをかけたものを離乳食にすることもあり、まさに国民的調味料といえる。

ただし、日本の大豆の醤油と大きく異なるのは、強烈な匂いである。ニョク・マムの匂いは凄（すさ）まじく、車で道路を走っていても、どこかでニョク・マムを製造していたりすると、鼻で嗅ぎ分けてそこへたどりつくことができるほどだ。ニョク・マム大好きの私は、そんな匂いに惹（ひ）かれて、その発生源にわざわざ立ち寄ってみたりするのだが、何度目かのベトナム旅行の際、南部のカントーというところで、珍しいニョク・マムに出合った。原料は小型の川ガニで、次のようなワイルドな醸造法でつくられていた。

まず、バケツ二杯分くらいの生きた川ガニを石臼の中に入れ、野球のバットのような太い棒で容赦なく上から搗いていく。棒で搗かれた川ガニはグシャッ、グシャッという無残な音と共にぺしゃんこに潰され、途中、何度か塩が放り込まれてさらに搗いたり、攪拌（かくはん）したりしているうちに、石臼の中はカニの体液と塩でどろどろになる。それを今度はバケツに入れて仕込み甕の中へ移し、また石臼の中に別の生きた川ガニを入れて棒で搗き、甕へ移す、といった作業を何度も繰り返しながら、甕の中を満タンにして最低八ヶ月ほど発酵・熟成させる。二〜三年発酵・熟成させてから出荷する製品もあるという。これも日本の有明海の「ガン漬け」に似ていた。

こうしてできた川ガニのニョク・マムも、一般のニョク・マムと同じようにさまざまな料理に使われる。これもカニの濃厚なうま味が凝縮されていてとてもうまいが、しかしひどく臭い。だがこの臭さが料理を引き立てうま味を相乗させるので、大切なのである。

## ベトナム製の大きな茶碗でご飯をおかわり

ベトナムでも、メコン川の恵みの淡水魚でさまざまな熟鮓がつくられている。私が以前、ラオスの国境に近いソンラという町からさらに数十キロ入った小さな村で出合ったのが「マム・チュア」であった。マム・チュアはベトナムで最も一般的な熟鮓で、その村で目にしたものは次のようなつくり方をしていた。

淡水魚の頭と内臓を取り去り、塩を加えて容器の中に八時間ほど入れておく。その間に、米をフライパンで褐色になるまで炒り、それを挽(ひ)いて炒米粉をつくる。八時間ほど経ったら、容器の中から魚を取り出し、魚体から浸出した液体は容器の中に残したまま、魚だけを仕込み用の甕に移し、煎米粉、トウガラシの粉、塩を加え、そこに魚の浸出液とメコンウィスキー（米焼酎）を注ぎ入れ、最後に甕を石灰で密封して一週間ほど発酵させてできあがりである。

甕から出してもらったマム・チュアは、熟鮓というよりは塩辛のようだったが、匂いも強烈で、魚はドロドロに溶けていて、ほとんど原形をとどめていない。

ところが、これをご飯と一緒に食べると、思わず唸(うな)ってしまうほどうまい。口の中に広がる奥の深いダイナミックなそのうま味は、熟鮓の真骨頂で、さらに臭みまでも食欲をそそる要素になっていた。そのため私は、ベトナム製の大きなお茶碗で、ご飯を何杯もおかわりしてしまったのだった。

ベトナムの熟鮓の中で、南シナ海に面したバンランという町で食べたエビの熟鮓「マム・トム・チュア」も、臭くてうまかった。

体長五センチほどのエビを塩水で洗って、頭を切り取り、メコンウィスキーを振りかけてから、たっぷりの塩と一緒に甕に入れる。そこに、炊いたもち米、おろしたニンニク、トウガラシの粉などを加えて蓋をし、重石をのせて発酵させると、五日後には食べられるようになる。

発酵してエビはドロドロに溶けているが、舐めてみるとエビ特有の甘みとうま味の中に、酸味と辛味が効いていて美味であった。これを粥の上にのせて食べたところ、実にうまかった。

## アジア有数の漬け物王国、ミャンマー

ミャンマーは南はベンガル湾に接し、北は山岳地帯であるので、食の文化は複雑であるが、こ

の国では熟鮓は北に行くほどよくつくられている。とりわけタイ、ラオス、中国との国境に近いシャン州では、隣接する国々からの影響もあって、熟鮓は実によく食べられている。

先にも述べたように、この国はアジア有数の漬け物王国といって過言ではなく、その漬け物のジャンルの中にしっかりと熟鮓が位置付けられているのであった。

ただ、南のほうのベンガル湾に接する地帯では、熟鮓はあまり知られた食品ではなく、旧首都のヤンゴンでもそう多くは見かけない。ところがマンダレーから北に行くと熟鮓を見ない市場はなく、どんな自由市場や路上でも買うことができる。ミャンマーはイラワジ川やチンドウィン川、サルウィン川といった大河が北から南に流れていて、その川の周辺には幾つかの民族が生活しているために、大昔から淡水魚を使った熟鮓が豊かに発展してきたのである。

また、雨季が長く、雨量も多いために、あちこちに沼や湖があって、そこには魚が驚くほど濃い密度で生息している。例えば、有名なインレー湖はコイ、フナ、ウナギ、ナマズ、ソウギョ、ライギョ、レンギョなどの大漁場で、その湖の上に浮かぶ浮き島の村や町の市場、湖に近い町の自由市場などには淡水魚専門の店がいたるところにあり、それらを原料にした熟鮓もよく売られている。

もっとも多く熟鮓が食べられているのはシャン州で、次いでマンダレー州、ザガイン管区、カチン州である。シャン州の州都タウンジーは高原の町として知られ、あちこちにある公設市場や自由市場、露店には、おびただしいほどの熟鮓が並べられている。

それらの州での熟鮓の呼び方は「ンガチン」である。その意味は「酸っぱい魚」。一般的には淡水魚の頭、内臓、鱗（うろこ）を去り、それに塩をしてからうるち米の飯を混ぜて甕に漬け込み、蓋と重石をして一週間発酵させてから食卓に供するが、長い期間保存するためには塩の量を通常より多くする。

インレー湖で捕った魚を熟鮓にして、タウンジーの市場で売っていたものは、頭を取らずに内臓と鱗だけを去り、それを塩と飯で漬け込んだタイプのものだった。さらにその熟鮓を、トマト、トウガラシ、ゴマを加えた米飯の床（とこ）に漬け直し、再度発酵させたのが「タミンヂ」という熟鮓である。

ミャンマーではそれらの熟鮓をそのままで食べることもあるが、多くの場合は小麦粉をまぶしてから油で揚げる唐揚げか、またはカレーの具にする。ミャンマーはインドと接する国であるので、さまざまなカレーがインドから伝播してきており、ミャンマー風の味付けに熟鮓は重要な役割を果たしているのであった。

珍しい携帯用の熟鮓もあった。

熟鮓を葉で固く包み、それを紐で縛ってぐるぐる巻きにした発酵携帯食で、「ンガチンヂン」と呼ぶ。昔は熟鮓そのものを葉に包んでいたというが、今は酢でしめた魚と酢飯を混ぜたものを葉に包んでいるという。この携帯食をつくっているところを見学に行ったところ、使っている魚はナマズと川エビで、一週間ぐらいは日持ちがするということであった。

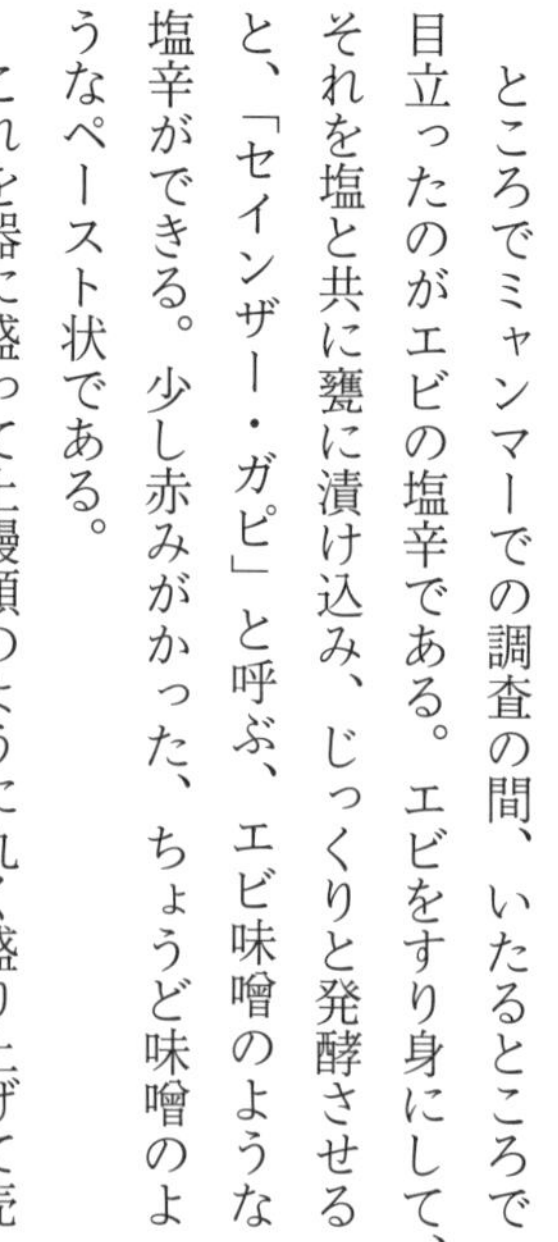

セインザー・ガピは、川エビをすり身にして、それを塩とともに甕に漬け込み、じっくりと発酵させたものである。これを煮もの、汁もの、炒めものなどに少し加えるだけで、ぐっとうま味を増すことのできる発酵調味料である。

## ニシン御殿ならぬガピ御殿

ところでミャンマーでの調査の間、いたるところで目立ったのがエビの塩辛である。エビをすり身にして、それを塩と共に甕に漬け込み、じっくりと発酵させると、「セインザー・ガピ」と呼ぶ、エビ味噌のような塩辛ができる。少し赤みがかった、ちょうど味噌のようなペースト状である。

これを器に盛って土饅頭のように丸く盛り上げて売っているのであった。勿論計り売りである。日本の味噌や醤油と同じぐらい生活の一部になっている調味料で、肉や魚などのおかずがなくとも、これがあれば食事ができるというので、どんな貧しい人でもこの魚の発酵食品だけは欠かせないという。

そのセインザー・ガピを使った料理の例だが、野菜と鶏肉の炒めものをつくるとき、油をひいた鍋にまずエビの塩辛を入れ、よく溶かしてから材料を加えて炒める、といった使い方をしている。炒めものだけでなく、煮ものや鍋もの、カレーにも、何かといえばこのエビの塩辛を使う。

ミャンマーの旧首都ヤンゴンの北東にあるバゴーという町を訪れたときも、沿道にずらっと並んだマーケットの店頭に、エビの塩辛が山のようにてんこもりにして売られていたのだが、夕方の店じまいの頃にはすべて売り切れていた。そのくらい需要があるのだ。

だから、セインザー・ガピの製造元はお金がどんどんと入ってきて、ある日突然、街の一角に白亜の大豪邸が建ったりする。昔の日本でも、ニシンが大量に獲れた時代、ニシン御殿が北海道のあちこちにできたように、今でもミャンマーではガピ（＝塩辛）御殿がいたるところにあるのだ。

## カンボジアの「ファーク」と「マム」

カンボジアでは熟鮓を「ファーク」といい、塩辛タイプのものを「マム」という。ファークには漬ける魚介によってさまざまなものがあり、淡水魚がもっとも多く、中にはエビ、カニ、ナマズ、ライギョなどの熟鮓もある。

淡水魚を使った代表的な「ファーク」は次のようである。魚は頭、内臓、鱗を去り、切り身にする。この魚の量に対し約三〇パーセントの塩を加えて甕の中に仕込み、蓋をして一、二ヶ月置く。次に魚を取り出し、それを蒸したもち米と麹とを加えた漬け床に交互に漬けていき、本仕込みをおこなう。内蓋を落として重石をし、二ヶ月間ほどで食用となる。この仕込み方法は日本の熟鮓に極めてよく似ている。生食することもあるが、大半は蒸して食べる。

「マム」は淡水魚を水で洗ってからそのまま一夜、水に漬けておく。次に水を吸って膨れあがった魚の頭、内臓、鱗などを去り、塩で漬ける。塩の量は魚量に対して約二〇パーセント。これを一ヶ月間置いてから、それにうるち米を炒って粉にしたものを加え（魚量に対して約二〇パーセント）、二ヶ月間発酵、熟成させる。この魚にヤシから採った砂糖をまぶし、ふたたび甕に戻して漬け直し、一、二ヶ月発酵、熟成させてできあがる。ドロドロとした塩辛タイプのものなので、炊いた飯のおかずにすることが多い。

## 毒を以て毒を制す国、ラオス

海に面していないラオスには「ナン・パ」と呼ばれるすばらしい魚醬があった。隣接するタイとの国境を流れるメコン川の恵みの淡水魚を原料に、塩を大量に加えて長期間発酵、熟成させて、その上澄み液をすくいとったり濾したりしてつくるのである。

以前、ラオスの首都ビエンチャンから北のほうへしばらく車を走らせたところで、ナン・パを製造している工場を見学したことがある。工場といっても、平屋の建物に一本の煙突が出ているようなところで、例にもれずその周辺は魚醬の匂いでひどく臭かったが、できあがったばかりのナン・パは透明でウィスキーのようなきれいな琥珀色をしていた。舐めてみると、塩辛いものの、深くてふくよかなうま味があり、臭い匂いを含めて、いっぺんに好きになってしまい、はるばる遠くまで来た甲斐があったと思った。

ラオスでは、どのような料理にもたいていこのナン・パが使われる。とくに淡水魚を使った料理にはナン・パが欠かせない。ラオスの市場に出回っている淡水魚は二〇〇種類を超え、魚料理も幾百と存在するが、その淡水魚の泥臭さや生臭さを消すのに、ナン・パの発酵臭が役立つのである。このことは、毒を以て毒を制すのごとく、臭い魚醬で臭い淡水魚の匂いを消し、おいしく食べることに通じる。実にすばらしい発想で、発酵の底力である。

このほか、東南アジアの魚醬としては、フィリピンのパティス、インドネシアのケチャップ・イカン、カンボジアのタク・トレイ、ミャンマーのガンピヤーイエー、マレーシアのブドウなど、どれも魚醬特有の臭い発酵臭が魅力の逸品ばかりであった。

第 10 章

# 「知られざる発酵」という衝撃

この写真は富山県南礪市の五箇山にある合掌造りの家屋である。江戸時代初期（慶長年間）からこの家屋の中の囲炉裏の下で、人の小便を発酵させて爆薬（塩硝）をつくっていた。ポルトガルから種子島へ天文12年（1543）に鉄砲が伝来し、鉄砲は残ったが火薬が不足し出した慶長10年（1605）ごろから、この塩硝づくりが始まったのである。まだ化学の知識もなく、また微生物の存在など全く知られていなかった時代に、なぜ日本の五箇山の人たちがこのような発酵を行っていたのかは謎だらけである。一体、誰が最初に考えついたのであろうか。まさにそれは神懸かり的発想である（写真は菅沼世界遺産保存組合提供）。

## 小便から爆薬

　発酵といえば？　と聞くと多くの人は納豆、味噌、酒、ヨーグルト、チーズ、醤油、酢、漬け物などを挙げるであろう。ところが発酵の世界には、食べものでない医薬品や化学製品などもあるのだ。例えば抗生物質とか制ガン剤、酵素類、ビタミン類やアミノ酸類、ホルモン類のような生理活性物質、水の浄化のような環境発酵、メタン発酵やバイオマスのようなエネルギー生産などさまざまなのである。これから述べることは、発酵食品以外の事柄で多くの日本人がほとんど知らない驚くべき発酵の世界を、私が調査したり検証したりした結果である。その中には、今はすでに消えてしまい、伝承者もいなくなったが、稀少な古文書に残された驚嘆すべき発酵もあり、このことを後世に長く記録にとどめておくことも必要かと思い、まず江戸時代初期に行われていた世にも不思議な発酵の話から始める。

　それは、信じられないかもしれないが、人間の小便を原料にそれを発酵させて爆薬をつくっていたという話である。私はずっと前にこの話を知り、さまざまな文献や古文書を読み、そのあまりの奇跡さに身震いしたほどであった。そこで何度か現地に入って見たり調べたりしてきたが、昔の人たちの知恵には驚かされた。実際にそれがつくられていたのは越中（富山県）の五箇山（ごかやま）であ

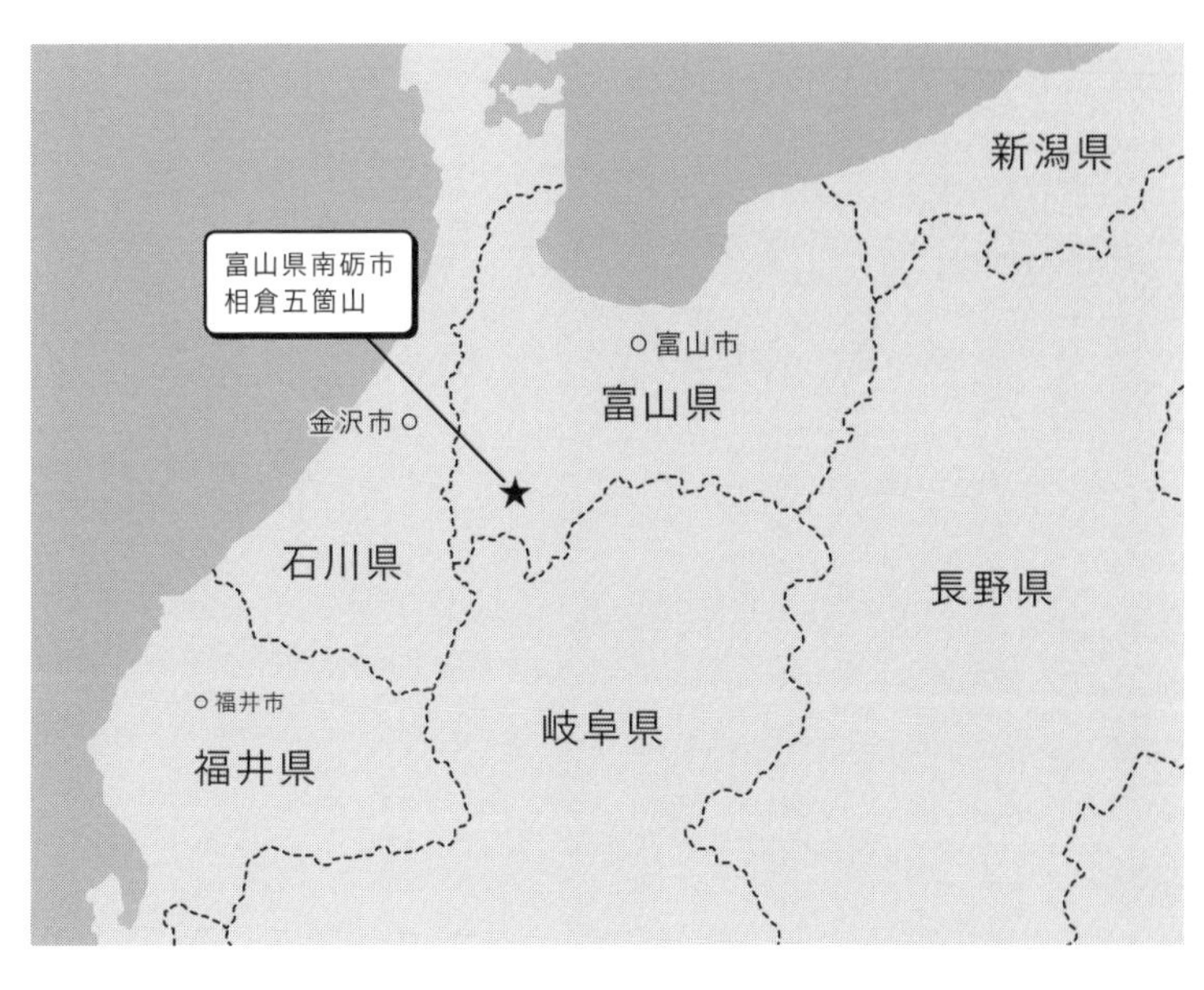


る。赤尾谷、上梨谷、下梨谷、小谷、利賀谷の五つの谷の集落から成る「五箇谷間」が転じて「五箇山」の地名になった場所である。平家の落人が住み着いたといわれるほどの山奥にある集落で、その五箇山は今は富山県南砺市に併合されている。そこの上梨というところに「村上家」がある。今から四〇〇年以上前の天正年間に建てられた合掌造りの家屋で、五箇山の中でも最大規模の農家であった。一重四階建で切妻造りの茅葺、戸口は間口三十五尺（約一一メートル）、奥行六十七尺（約二〇メートル）もある。家屋は国指定重要文化財となっている。

この村上家の建物は現在、民俗資料展示館となっていて、江戸時代の五箇山の和紙製造や養蚕の道具、生活道具などが展示されている。その中に、これから述べる火薬の製造、すなわち塩硝（えんしよう）製造の道具や古文書、実際に使われた塩硝「まや」（発酵穴）などが展示されている。また近くにある五箇山民俗塩硝の館にも塩硝の資料が展示されている。私は村上家から歩いて三分ほどのところにある、当時五箇山塩硝煮焚屋総代であった羽馬（はば）家に行ったところ、そこに江戸時代初期につくられた火薬の実物が結晶状で残されていたのは驚きであった。

塩硝とは、黒色火薬の主成分である硝酸カリウムのことである。すなわち昔は、爆薬も知恵の発酵によりつくられていたのである。加賀藩への上納のため越中五箇山地方に伝承されていた奇跡の発酵で、永禄三年（一五六〇）ごろからつくられ始めていた。記録によると、石山本願寺が織田信長に攻められた石山合戦（一五七〇〜八〇）では、五箇山の塩硝が鉄砲に使われたと江戸時代の記録に残っている。とすると、天文一二（一五四三）に種子島に鉄砲と火薬が伝来してからわずか三〇年足らずという速さで、日本の五箇山で火薬がつくり出されたのであるから驚きだ。

塩硝の生産工程はまず、数年かけて塩硝土をつくることから始める。六月ごろ、家の囲炉裏周辺の床下に二間（約三・六メートル）四方に擂鉢（すりばち）状の穴を二つ掘り、その中に稗殻（ひえがら）を敷きつめ、その上に水分を少なめに含んだ良質の土（耕作用や山林腐食土など肥沃なもの）と蚕糞（こふん）（カイコの糞）および鶏（けい）糞（ふん）を混ぜ合わせたものを堆積する。さらにソバ殻、ヨモギの葉や茎、麻の葉を干したり蒸したりしたものなどをその上に敷きつめ、さらに土と蚕糞、鶏糞を混ぜ合わせたものを堆積する。こうして交互にそれらを積み重ね、最後に一番上から村人が皆んなで大切に溜めておいた人間の小便を大量にかけ、その上に土を被せる。この左右の発酵穴のちょうど中間ほどの真上の位置に炉が

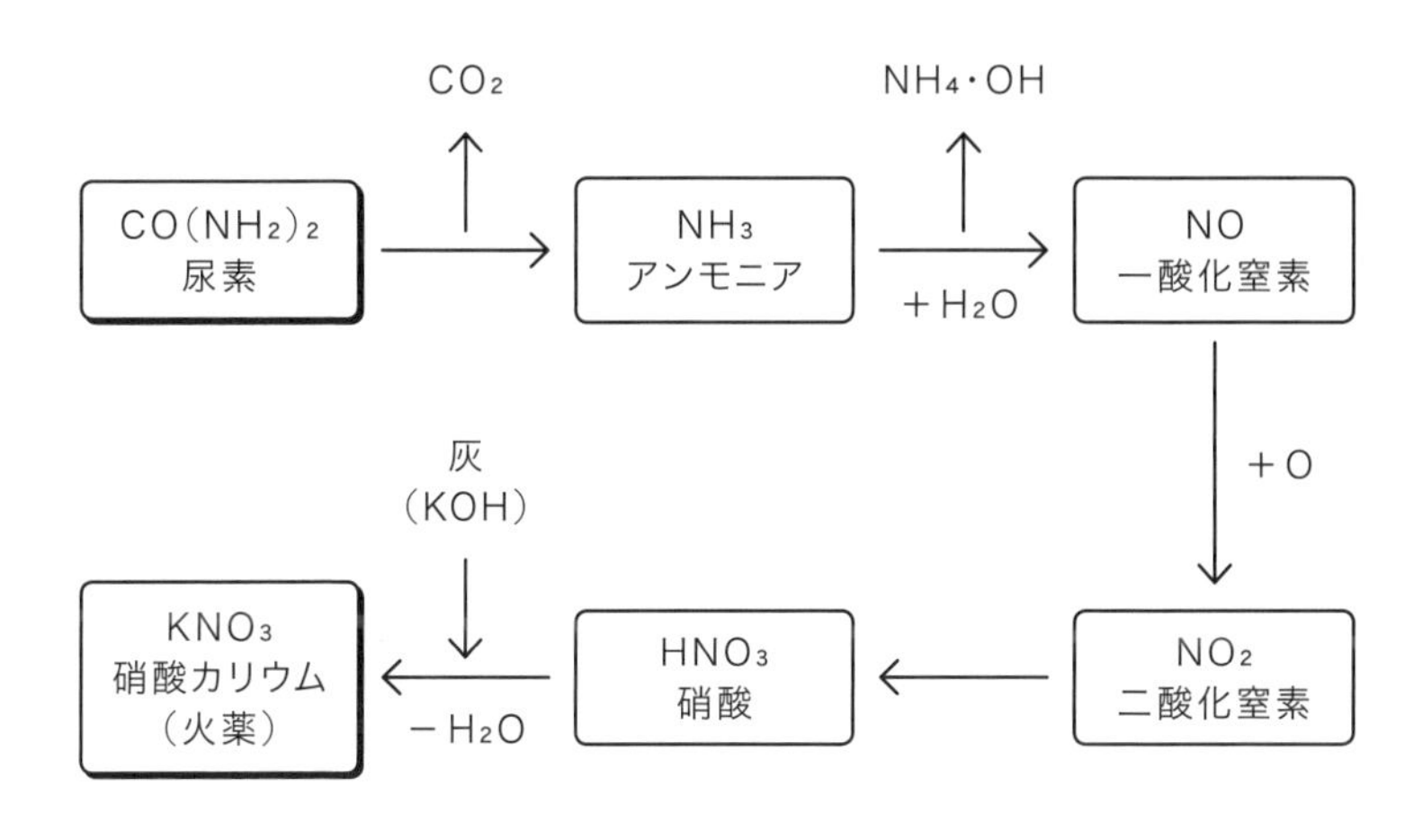


くるようにする。こうすると、家の囲炉裏ではいつも火を焚くので、それが地熱となって伝わり、年中発酵が続くことになる。こうしてそのまま、長い間、発酵させ、五〜六年後にこれを掘り出す。

この発酵の終了したものを塩硝土と呼び、底に口の付いた土桶(つちおけ)という檜(ひのき)作りの桶に移し、上から水をまんべんなく振りかけながら、一昼夜かかって浸滲してきた濾水を釜で煮つめ、途中、草木灰を加えてから濾過した濾液を再度煮つめてから最後に木綿で濾す。これを放置して、自然乾燥したものが灰汁煮塩硝(あくにえんしょう)である。さらにこれを数度精製を繰り返すと上煮塩硝となり、これを加賀藩へ納めた。藩ではこれを細かい粉にして、木炭と硫黄の粉を混ぜ合わせ黒色火薬にしたのである。明治中期まで、五箇山地方では塩硝づくりが重要な産業として行われていたが、そのうちにチリ硝石が輸入され始めると衰退し、明治二四年、全面的に

囲炉裏の床下穴には稗殻を敷きつめ、その上に肥沃な腐植土、蚕糞、鶏糞などを重ねていき、その上から溜めておいた小便を撒き、土で封をした（写真は菅沼世界遺産保存組合提供）。

生産が終った。

塩硝製造の原理は、蚕糞や鶏糞、人尿に含まれている尿素（$CO(NH_2)_2$）が、土壌中の硝酸菌を中心とした微生物の作用を受けて脱炭酸されてアンモニア（$NH_3$）となり、これが酸化されてまず一酸化窒素（NO）となる。さらにこれが酸化されて二酸化窒素（$NO_2$）となり、これに水が付いて硝酸（$HNO_3$）になる。一方、ヨモギの葉茎や麻の葉など植物の草木灰には多量のカリウム（K）が含まれているが、これが水と反応して水酸化カリウム（KOH）となる。そのカリウムが硝酸と結合し、硝酸カリウム（$KNO_3$）が出来るという実に綿密に計算された高度な化学である。

誰が一番最初に考えだしたのか、まったく知るすべもないが、今から四〇〇年以上も前、化学は勿論微生物の存在もわかっていなかった時代に、正確な化学的根拠を背景としたこの塩硝発酵という微生物の応用があったことは、まさに神懸かり的発想と言えるほど奇跡的な発酵である。

五箇山で塩硝づくりが行われた理由は、あまりにも山の中で、外部からほとんど人が訪れないところであったので、この火薬づくりの方法が外部に漏れることを防ぐのに好都合だったからと言われている。その上、山と谷ばかりで米があまり穫れない五箇山では収入源は乏しく、養蚕をしたり和紙をつくったりしていたが、それらを幾つもの峠を越えて運んで行かなければならない苦労は大変なものだった。そこで加賀藩は、五箇山の人たちに塩硝をつくらせ、それを年貢として納めさせることにしたのである。こうすれば藩は貴重な塩硝を手に入れ、五箇山の人たちは年貢の米を納めることはない。加賀藩はこの塩硝を他藩に売って重要な財政収入源としていた。

## 防水、防腐性に富んだ「柿渋」

「柿渋」は、中世以降から近代の庶民生活においては欠くことのできない必需品で、これも発酵によってつくられてきた。そのため近世には、江戸、京、大坂などといった人口の集中する都市には渋問屋も形成され、また山城（京都府南部）、美濃（岐阜県南部）、備後（広島県東部）など全国各地に産地も形成された。一六九七年の『農業全書』、一八五九年の『広益国産考』などには柿渋の効用や製法が詳解されている。

渋とは一般にタンニン質のことをいい、柿渋はその代表的なものである。柿渋の主成分はシブオールというポリフェノールの一種で、これを繊維質（布、紙、木など）に塗布すると、シブオールによる収斂性が起こり防水性を持たせることができる上、防腐性も与えるから、傘、団扇、板塀などに塗って天然塗料とした。また、第二鉄塩と結合して青または黒みを呈するため染料としても利用された。さらに日本酒の清澄剤としても重宝されるなど、今日でも一定した需要を持っているのである。

柿の実が最も渋味の強くなる八月中旬ころから、原料の柿実が集められる。収穫した丸いままの原料柿を玉渋と呼び、これを採取した後、そのまま放置しておくと質の良くない渋が出来るので、収穫したその日のうちの新鮮な実で仕込みを行う。

その手順は、まず玉渋を砕き（昔は臼と杵で搗いたが昭和一〇年ころより破砕機が導入された）、この砕かれた玉渋を「もろみ」といい、これを大きな木桶に入れ、上から少量の水を加え、よく攪拌して発酵を待つ。仕込み後四、五日経過すると、盛んに炭酸ガスを沸かせ、特有の異臭を放って発酵が開始されるが、これをそのまま放置しておくと腐ってしまうので、「フンゴミ」（踏込）という操作を行う。フンゴミは、仕込んである大桶のなかに人が入り、一時間ほどもろみを踏みつける作業で、これを一日二～三回、一週間ほど続ける。

発酵を終えたもろみは袋に入れて圧迫し、渋搾りを行う。最初に出てきた柿渋を一番渋といい、袋に残った粕は再び桶に戻して水を加え、一週間ほど再発酵させてこれを搾ると二番渋が出来る。こうして出来上がった柿渋は、大桶や甕に貯えるが、貯蔵期間中も幾分発酵を続けるため、三～六ヶ月ほどはそのままにしておき、発酵が収まり、熟成も十分となったころあいをみて四斗樽に入れて出荷する。発酵の目的は、シブオールを均一に分散させて安定させ、塗料や染料とした時に、きめ細かな収斂が起こり、平滑な塗面とするためである。発酵微生物は主として酪酸菌や枯草菌属といった細菌であるので、発酵中に酢酸、酪酸、プロピオン酸などを生成し、不快な酸臭を漂わす。

柿渋の主な出荷先は傘製造業、染めもの業、魚網製造業、漆器業、塗装業、薬用（火傷、虫さされ、中風、脳卒中、高血圧などへの民間薬として使用された）、日本酒醸造業（清酒を清澄させるための濾過剤や酒を搾る時の袋の目詰まり処理）などである。

また、柿渋の主な産地は埼玉県赤山渋（今の川口市とさいたま市が境を接する地域）、備後渋（広島県東部）、揖斐渋（岐阜県南西部）、美濃渋（岐阜県南部）、山城渋（京都府南部）、越中渋（富山県）、会津渋（福島県西部）、信州渋（長野県）など広範囲にわたっていた。

## 宇治茶と柿渋の名産地、山城

現在、歴史的ブランドである京都の南山城の柿渋をつくり続けているのは、京都府木津川市にある三桝嘉七商店、通称「三桝屋」である。今から約一五〇年も前に創業した老舗で、柿の栽培から収穫、渋の製造まで一貫した管理と独自の技術で日本の伝統産業と文化を頑なに守り続けている。京都の山城地方は、先人たちが茶と柿渋に力を入れて品種の改良を重ねてきた結果、日本を代表する銘茶宇治茶の産地となり、また渋柿の優秀集荷地となったのである。

三桝屋では、この土地の気候風土や土壌によく適合した「天王柿」と「鶴の子柿」を原料にしている。「天王柿」はゴルフボール状の小粒で、渋のもととなるタンニンの含有量が非常に高く、柿渋の原料としては最高のものだといわれている。一方「鶴の子」は小粒で細長い形をした渋柿で、干し柿の古老柿にも使われている品種である。私は一度この会社の柿渋液を見て、そのあまりの美しさに魅了されたことがある。少し黄色がかった茜色というのか、赤い夕陽というのか、それが一点の濁りもなく見事に澄んでいて、透明で照り輝き、光沢も良く、じっと観賞していると、引き込まれていきそうな幻想的な色調であった。造り酒屋に生まれ育った私は、酒を搾る粕袋に柿渋を塗った時、袋に現れる赤褐色の美しい色を見て育ったので、なんとなく懐かしさもこみ上げてきたのであった。三桝嘉七商店は今、その優れた柿渋で衣裳の柿渋染め（団十郎茶）や柿渋木工の塗料、柿渋の健康食品、飲料品の清澄剤など新しい分野にも進出し、多くの利用者から重宝されている。

## インドやアフリカにも発酵による草木染が

えっ！　と驚く人がいるかもしれないが、藍染や紅花染といった草木染の染料も発酵によってつくられるのである。私は徳島県の藍染を、また福岡県の久留米市や沖縄県の石垣市の草木染などを見てきたが、いずれも発酵の具合いが出来上がる染料の良し悪しに影響を及ぼしていることをこの目でしっかりと確かめてきた。

藍染の原料である藍草の主産地、阿波徳島の藍住町では、刈りとった葉をまず干してから藍寝床で発酵させて蒅にする。この時の発酵の加減で出来上がる藍の良否に差が出ることから、発酵には大変な苦労をしていた。一方、久留米絣の藍染の秘法でも発酵管理が不十分であると発酵が緩慢となって染めの調和が崩れるから、こういう場合には他の甕で発酵している元気の良いものを少し加えたり、麩（ふすま）やぶどう糖、水飴などを入れて元気づけてやっていた。

さて、ここで見られる発酵の主役は、元気づけにぶどう糖や水飴などを補給することから考え、空気中に棲息する酵母の侵入によるアルコール発酵と考えてよい。おそらく甕の中で酵母が発酵するときの種々の生産物や酵素群が、色彩の加減に微妙な効果をもたらすものと思われる。アルコール発酵液が染料調整に効果があるもう一つの例は、酒そのものが染色調合の原料の一つに用いられることである。例えば久留米絣では発酵中の藍甕に清酒を加えていたし、藍住町では藍の発酵液である蒅で藍玉をつくり、これに極上清酒三升を吹きかけることで、石垣島では藍と樫の木炭にアルコール分四〇度の泡盛を混合して、微妙な色を調合していた。このように酒を染料材の一部に使う例は日本ばかりでなく、インド更紗では棕櫚酒（しゅろ）（ヤシ酒の一種）を加える方法のほか、東南アジアでもココナッツ酒を加える例などが残っている。

いずれにしても、あの美しく、そしてキメの細かい染め付けの染料にまで発酵技術を導入したのは人間の高度な知恵である。これは日本だけのことではなく、インド更紗の場合、その名産地のひとつマスリパタムの更紗の黒色の調整にも見ることができる。まず鉄屑を地上に置き、その上で乾燥したバナナの葉を焚く。焼かれた鉄屑を容器に移し、その上から煮えたぎった「カンジ」（粥汁（かゆじる））を注ぐ。カンジの代わりに棕櫚酒またはココナッツ酒を用いることもあるという。このようにしたものを六～八日間発酵させると、鮮彩な鉄媒染の黒色染料が出来る。

またアフリカの部族の染料づくりにも古い伝統を持ったものが多い。例えば、西アフリカ内陸のサバンナ地帯に住むモシ族では、この地方に多いマメ科植物ペグネンガの皮をなめし、これにさまざまな美しい染色をして飾りにする。皮のなめし方はペグネンガの実を莢ごと砕いて水に浸し、そのなかにペグネンガの生皮を何日か漬け込んでからよく揉んでなめす。次にこれを塩と砂の混合物で揉み続け、水で洗って天日に干すと白く肌のきれいな樹皮が出来る。これを黒色に染め抜くには、その樹皮を染料の原料であるトウダイグサ科の灌木ナポグシーガの葉や茎を搗いたものと一緒に三〇分ほど煮てから、七〜一〇日間泥のなかに埋めて発酵、着色させる。

藍色に染めるには、マメ科の植物ガレの葉を木炭と牛糞でよく捏ね、これを土に掘った穴に埋めて二〇日間ほど発酵させたものを使う。動物の糞を加えて発酵に勢いをつける方法は、アフリカのみならずインドやパキスタンなどの牛糞、中近東でのラクダ糞などでしばしば行われる手法である。

## 昔から重宝された藍染、紅花染

一方、我が国でも染料の製造において発酵工程を大切な技術としてとらえ、この伝統を大切に守り続けてきた名染地も少なくない。久留米絣での藍染は著名なものだが、ここでの純正藍染の技法にも発酵は重要な働きをになっている。材料は藍、水、ソーダ灰、水飴、貝灰で、まず適量の沸かした湯にそれらの材料を入れ、一晩桶のなかで寝かせる。その間、四、五回攪拌し、翌日深さ一八〇センチメートルほどの藍甕に移し、その後毎日一～二回攪拌して三〇度で一五日間ほど発酵させる。発酵期間中、液の表面は発酵のために泡立っており、この時の管理が不十分であると発酵が緩慢となって色の色調が崩れる。こういう場合は久留米絣と同様に、他の甕で盛んに発酵している元気のよいものを少し加えたり、麩やぶどう糖、水飴などを入れて元気づけしてやる。

こうして出来上がった発酵染液に、あらかじめ水に浸してひとまとめにした糸を浸しては絞ることを繰り返す。大体一二本の甕を用意し、色の薄いものから順次濃い方に染め移る。藍は空気に触れることにより見事な青藍に染まるから、絞るごとに床に叩きつけて繊維のなかまでよく空気を通し、染め上がりをよくする。この染色、絞り、叩きの工程を約三〇回ほど繰り返すと、あの神秘的な深い紺色の糸が染め上がる。

山形の紅花も有名である。なかでも代表的な最上紅花は、まず生花を水でよく洗い、白毛を除き、半切盥に入れ、水を注いで足でよく踏みつけ、花弁に含まれている黄気を出す。この黄気汁は自家用の染料に使う。次に踏んだ花を笊に入れ、流れ水でよく洗い黄気を流し去る。これを「花振り」といい、数回繰り返す。この花を花蒸籠に二センチメートルほどの厚さに拡げ、これに花蓆をかけ、毎日少量の水を上から注いで日陰に数日置いて発酵させる。これを「花寝せ」という。発酵させた花を再び半切盥に移し、手で揉んだり足で踏んだりして粘り気を出してから餅状の塊をつくり、それを小さくちぎり、薄く伸ばして小判状にし、蓆に拡げて天日で乾かす。これが花餅（はなもち）で、染料の完成である。この花餅は紅色の染料、口紅や食紅の染料となるので昔から非常に重宝された。

第 11 章

# 「発酵肉」という鮮烈

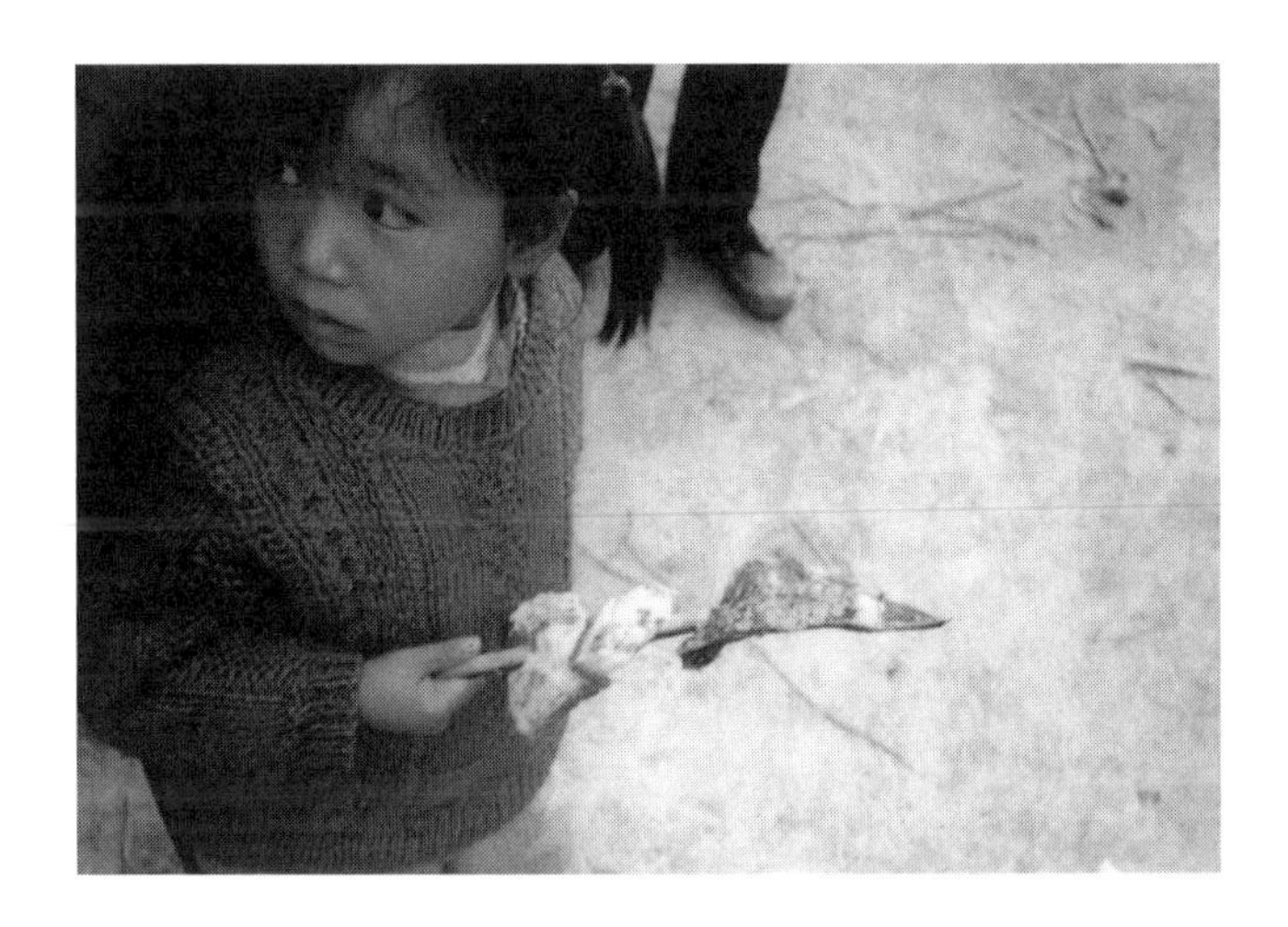

発酵した肉は意外にも身近なところにある。例えば生ハムには長期間発酵と熟成を行って酸味を付与したものや、ソーセージには白カビを全面に密生させたドライソーセージなどがある。ところがそのような一般的な発酵肉とは異なり、この広い地球上には驚くべき知恵を宿した感動的な発酵肉も存在するのである。例えば酷寒の北極圏には、発酵微生物など存在しないだろうと考えられていたのに、そこにはアザラシの腹の中にウミツバメを大量に詰め込んで3年もの間発酵させた肉があった。写真は中国のトン族の村の子供が持っている豚肉の熟鮓で、これが何と10年間も発酵させた保存食であった（中国の広西壮族自治区で）。

## ドライソーセージとカントリーハム

肉を微生物で発酵させて香味を付けると同時に、防腐効果を高めて保存性を良くする発酵肉の製造は、古くからヨーロッパで行われてきたものである。なかでも有名なのはサラミソーセージ、ジューアソーセージ、ペパロニソーセージといったドライソーセージや、チューリンガーソーセージ、セルベラートソーセージ、モルタデラソーセージなどのセミドライソーセージである。またスコッチハム、ウエストファリアンハム、スミスフィールドハム、プロシュートハムのような、いわゆるカントリーハムの類にも、発酵を施して特有の風味を持たせたものが多い。

ドライソーセージの場合、キュアリング（Curing：塩漬け）した牛や豚のあらびき肉に食塩や香辛料を加えて腸に詰め、長期間（一～三ヶ月間）熟成と乾燥を行う。これによって水分含量が三五パーセント以下となり、相対的に食塩濃度が増加するが、この間に乳酸菌による乳酸発酵が起こって水素イオン指数（pH）が低下し、そのため汚染菌や腐敗菌の増殖が抑制され、長期の保存が可能となる上、製品に発酵を伴った奥行きのある風味を蓄積することができる。

ドライソーセージやカントリーハムは、その製造工程でまったく加熱処理がないため、有害な腐敗菌による汚染は必至となる筈であるが、それをこのような発酵を行うことにより完全に防い

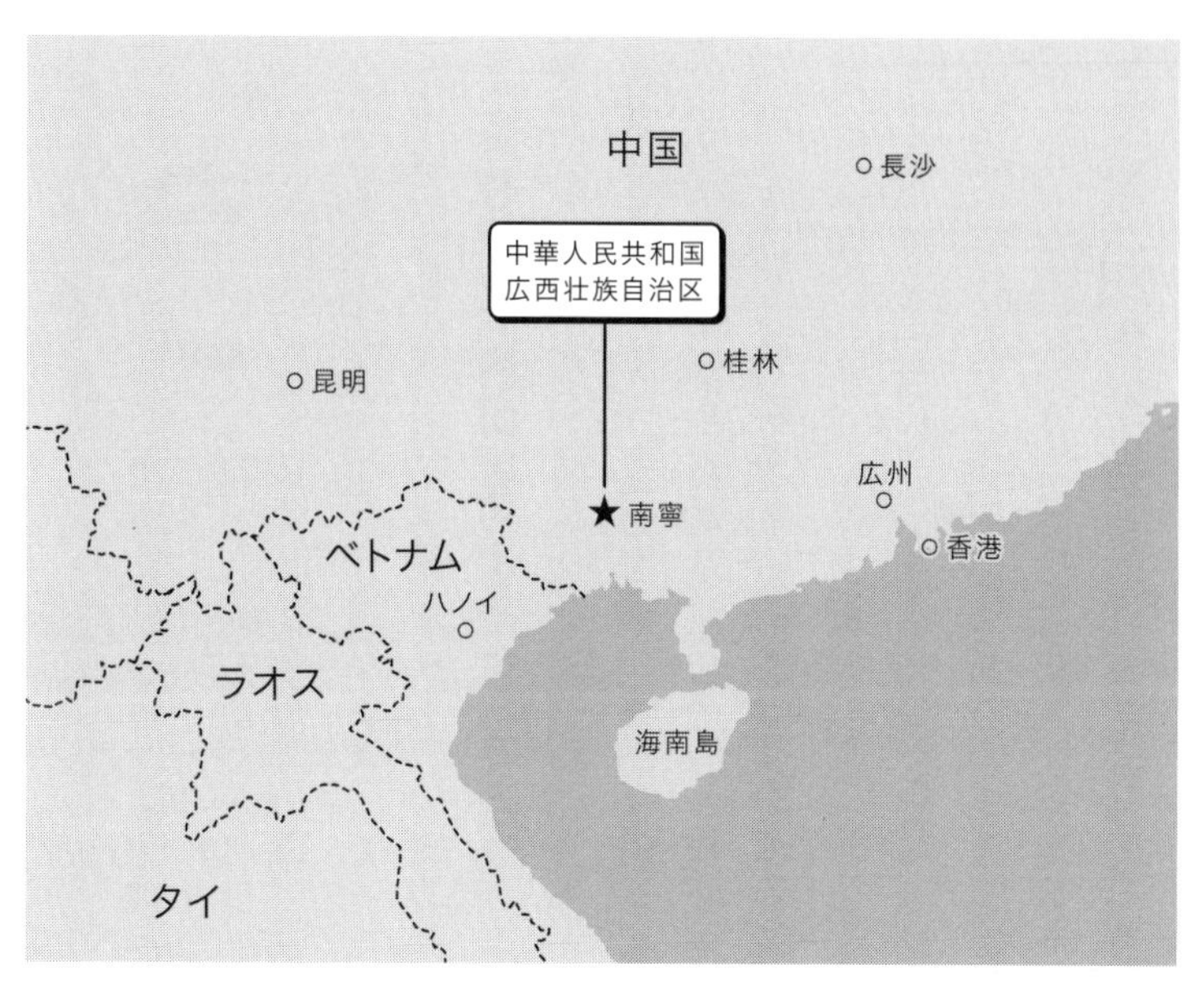


でいる。昔はキュアリング期間を長くして、自然に入ってきた乳酸菌で発酵を行っていたが、今では多くの場合、ピックル（塩漬け汁）やあらびき肉に硝酸還元細菌と乳酸菌を培養したスターターが添加されている。

この発酵菌の添加は腐敗菌や悪変菌の生育を抑制すると共に、キュアリングの際に肉を鮮色固定するために添加された硝酸塩や亜硝酸塩の残存量を低下させ、風味物質も付与でき、さらに長期の保存が効くなど多くの有利点を持っている。

またヨーロッパの田舎に行くと、ドライソーセージや大型の肉塊ハムの外皮に青カビを繁殖させたものを見かけることがあるが、これは発酵による風味物質の蓄積と保存のためである。サラミソーセージの中には、真っ白いカビを付けた固いソーセージがあるが、あれは、カビで水分を抜き、カチンコチンに堅くしたドライソーセージである。スペイン、ドイツ、イタリア、イギリス、アメリカあたりでは三ヶ月から半年以上、発酵と熟成をさせたドライソーセージが多い。スペインの「サルチチョン」というドライソーセージは、腸詰めの後、九〇日ほどかけて発酵と熟成、乾燥させると表面に花模様（フロール）ができる。また、生ハムの中にも数ヶ月間発酵と熟成をさせたものもあり、結構世界中には発酵を応用した畜肉は少なくないのだ。

## 原材料が天然記念物に

しかし、これから述べる肉の発酵食品は、私がこれまで現地に行って見て、食ってきたものの話である。ただ、今はそれが消えてしまってその願いが叶わないものもあるので、その話からしよう。

伊豆諸島のひとつ御蔵島（みくらじま）では、昔からカツオドリ（オオミズナギドリ）を重要な食糧源としていた。その料理法のひとつが肉醬（ししびしお）（肉でつくった醬油）であった。捕らえたカツオドリの羽を抜き、湯につけてウブ毛も抜く。肉は塩に漬けて保存し、食べるときに塩抜きして料理に使ったが、手羽や鳥ガラ、内臓、腸などは細かく叩いてペースト状にし、これに塩と糀（こうじ）を加えて甕に仕込んで発酵させ、搾って肉醬にした。この肉醬はアシタバ汁のダシに使うとその美味は格別で、島の名物料理のひとつであった。しかし、オオミズナギドリは国の天然記念物に指定され、その捕獲は禁止されたために今では幻の味となった。このような発酵肉醤があったことを皆が忘れてしまわぬよう、最初に書き留めておいた。

## 人類の福音となる可能性が

肉を発酵させる場合、その目的は保存と風味付けが目的である。そのため中国や東南アジアといった熟鮓を多食する地域では、肉を魚と同じく熟鮓という発酵手段で処理し食べることが多い。例えば中国・広西壮（カンシーチワン）族自治区の少数民族のトン族は、豚肉を原料に熟鮓をつくって肉を保存する技術を持っている。私はこの地域の村長さんの家へ取材に行ったとき、一〇年前に漬けられたという豚肉の熟鮓を見せてもらった。

ふつう豚肉の脂肪は時間が経つにつれて酸化が進み、ひどい悪臭を放ったり、褐色に変化したりしていく。ところが、村長さんが見せてくれた一〇年ものの豚の熟鮓は、肉の部分がみっちりと締まっていて、脂肪の部分も白いままで、酸化が進んだ様子はまったく見られなかった。これには驚いた。おそらく、発酵・熟成の過程で増えた乳酸菌などの発酵微生物が、酸化を抑える物質（抗酸化物質）を生成しているのだろうと現場で考えた。

もしもその菌が分離出来たら、他の食品への応用の可能性も拓けてくるだろう。それを利用することによって、将来的に酸化防止剤の食品への添加は必要なくなるかもしれない。人間にとって福音のひとつが、このような少数民族の食卓から出てきたなどということになったら、それこそすばらしいことである。

その村長宅の豚の熟鮓の匂いだが、熟鮓特有の強烈な匂いがあるものの、それは決して悪臭ではなく、熟鮓好きの私のような者にとってはむしろ食欲をそそる芳しい匂いであった。

日本では、熟鮓の匂いやうまさは大人にならないとわからないと考えがちだが、広西壮族自治区に暮らすトン族の子どもたちは、豚肉の熟鮓を当たり前のようにおやつとしてうまそうに食べていたのが印象的だった。これだと、鼻の発達もよくなり、将来、野性的でたくましい人生を送ることになるであろう。

なお、海外で肉の熟鮓を食べる機会があったときは用心することも肝腎である。地元の人たちにとってはまったく問題ないものであったとしても、食べ慣れていない日本人が口にすると体調に異変を生じることが大いにある。実際に、以前カンボジアのラタナキリへ調査に行ったとき、地元の人たちが私たちに凄く臭い豚の肝臓の熟鮓をふるまってくれたのだが、そのあと我が調査隊のほとんどが食中毒にかかり、なかには脱水症状で危険な状態に陥った人もいたのである。

ところがなぜか私はなんともなかったのだが、日頃の腸の鍛錬なのかもしれない。

そのトン族の村長の家では、牛肉の熟鮓もつくっていた。これも私にとって初めて目にするものだった。つくり方はいたって簡単で、牛のすね肉を薄くそぎ切りにして塩を振り、それを壺に入れて、その上からニンニクを潰したものにトウガラシの粉を混ぜた香辛料を多量振りかけ、重石をして五日間発酵させたものである。

一体どんな味がするのだろうと興味津々で口に入れると、シコシコとした噛みごたえがじつに心地よく、かすかな酸味の中に牛肉の重厚なうま味が口中に広がり、そこに香辛料のピリ辛が攻めてくる。思わず目を閉じて「うまいなあ」とつぶやいた。中国の発酵食の深さに、あらためて感心した次第である。

## カエルやトカゲの熟鮓

中国には豚や牛の熟鮓にとどまらず、想像を超えた食材でつくった熟鮓が幾つも存在する。広西省の大傜山（ダーヤオシャン）周辺に住むヤオ族の村では、家畜の肉のほか、クマやヤマネコ、シカ、サル、イノシシ、ウサギといった野生動物、野鳥、さらにはカエルやトカゲなどの肉を漬けた熟鮓がつくられていた。

「なぬなぬ、カエルですと？　トカゲですと？」

そんな声が聞こえてきそうだが、それらは次のような手順で漬け込まれる。漬け物用の甕の底にカエル（またはトカゲ）の肉を敷き並べ、その上に炒（い）ったコメの粉と塩を混ぜ合わせたものを肉と同じくらいの厚みにのせて、さらにその上に肉を並べていく。これを繰り返して、一番上に炒米粉と塩をのせて蓋をし、発酵させると、三ヶ月経った頃から酸味とうま味が出てくる。その酸味がほどよいことから、当地ではこれらの熟鮓を「醋肉（ツウロウ）」と呼んでいた。「醋」とは「酢」の異字で「酸っぱい」の意味である。

## 植村直己も携帯したキビヤック

極寒の北極にも、五つ星に輝くほど珍しい発酵食品の「キビヤック」がある。カナディアン・イヌイットの間で食べられているアザラシと野鳥の発酵食品である。

もともとカナディアン・イヌイットの住むバレン・グラウンズあたりは、冬の寒さは勿論のこと、三ヶ月ほどの短い夏も気温はさほど上がらないため、微生物の生育には不適であり、発酵食品はないといわれてきた。しかし実際には、度肝を抜かれるような凄い発酵食品が存在するのである。

そのつくり方は、実にダイナミックである。まず食料として捕獲した二〇〇～三〇〇キログラムほどの巨大アザラシの肉や内臓、皮下脂肪を食料として取り去ったあと、その空洞となった腹の中に海燕（うみつばめ）の仲間であるアパリアスを一〇〇～二〇〇羽詰め込む。アパリアスはツバメより二回りくらい大きなウミツバメの仲間だが、そのアパリアスを羽もむしらずそのままアザラシの腹へどんどん詰め込んでいくのである。

そしてアザラシの腹がウミツバメでパンパンになったところで、今度は太めの釣り糸で縫い合わせ、土に掘ってあった大きな穴へ埋める。そこに土を被せ、その上に重石をのせるのは、北極キツネやシロクマなどに掘り起こされて食べられないようにするためだそうだ。

約三年埋めておくと、アパリアスはアザラシの皮と厚い皮下脂肪の中で乳酸菌や酪酸菌、酵母などの発酵をじっくりと受けて熟成されていく。夏の三ヶ月だけ微生物が働くので、積算した発酵期間はだいたい九ヶ月程度だが、まことに壮絶な漬け物ができあがるのである。

発酵を終えた頃に土を掘り返すと、凄(すさ)まじい匂いと共に、驚きの光景が目に飛び込んでくる。アザラシの腹の内部は溶けてどろどろとなり、腹に詰めたアパリアスは、羽は発酵しないので見た目はほぼ原形のままだが、体の中は発酵してグシャグシャになっている。これを食べるのである。食べるといっても、アパリアスの肉を煮たり焼いたりするわけではない。アパリアスの尾羽を引っぱって抜き、露(あら)わになった肛門に口をつけ、発酵した体液をちゅうちゅうと吸い出して味わうのである。

私は数年前、グリーンランドのイヌイットの村でこのキビヤックを食べる機会を得たが、アパリアスの肛門からしたたる体液は、アパリアスの肉やアザラシの脂肪が溶けて発酵したものなので複雑な濃い味が混在し、ちょうど、とびきりうまいくさやにチーズを加え、そこにマグロの酒(しゅ)盗(とう)(塩辛)を混ぜ合わせたような味わいである。ところがその匂いといったらただごとではない。強烈猛烈激烈な臭気が鼻から襲ってきて「くさやの漬け汁の匂い」+「紀州の本熟れ鯖鮓の匂い」+「最も臭みの強いウォッシュタイプのチーズの匂い」+「中国の白酒(パイチュウ)の匂い」+「潰したギンナンの匂い」+「地獄の缶詰シュール・ストレンミングの匂い」+「ウンチの匂い」=「キビヤックの匂い」という国際公式が成立するほどのものである。皮膚にキビヤックの肉汁がついたら、一週間は匂いがとれない。

初めはその強烈な匂いで躊躇したがこの手の食べものに強い百戦錬磨の私などは、二〜三羽平らげるうちに、激臭がむしろ食欲を喚起し、発酵物特有の芳しさに魅せられてやみつきになった。冒険家の植村直己さんも、北極探検の旅にはいつもこのキビヤックを携帯していたことを手記に遺している。それによると、肛門から体液を吸い出すほかに、アパリアスの皮や肉を食べたり、あばら骨をしゃぶったりといった食べ方もされた。手記の中には次のような一文がある。

「やっぱり最初、(イヌイットの)若い女の子が肛門のところに口を寄せて吸い込むようにして、口のまわりに真っ黒い血がべったりついているわけですよ。そういう、皮ひきさきながら食べているのをみたらドギモを抜かれましたね」

植村さんはキビヤックがあったから北極点まで単独行ができたとも述べていた。

キビヤックは調味料としても重宝されている。イヌイットの人たちは歴史的にセイウチやアザラシ、クジラ、トナカイなどの生肉を食べる習慣があるが、生肉にキビヤックをつけることはない。しかし、それらの肉を加熱調理して食べるときはキビヤックをつけて食べる。なぜなら、発酵食品であるキビヤックには、発酵菌由来の各種ビタミンが豊富に含まれているからだ。加熱によって肉から失われたビタミン類を補給するために、キビヤックをつけて食べるわけで、じつに理に適った食法といえる。

北極圏にはキビヤックに似た漬け物がほかにもある。北シベリアのキスラヤ・ルイバもそのひとつで、秋に獲れた魚の一部を土に埋めて保存し、冬から春にかけての重要なたんぱく源としている。また、チュコト半島ではセイウチの肉を皮袋に縫い込んで穴に保存し、発酵させたものが食べられている。さらに、カムチャツカ半島には、土や皮袋の中で魚卵を発酵させたものがあるという。どれも酒の肴としてうまそうだが、いずれもとても臭い。

このように新鮮な野菜や果物からビタミンの補給ができない生活環境の中で、発酵という手段で微生物にビタミンをつくらせ、それを摂取するという「知恵の発酵」が、それぞれの北方の民族の生活を豊かにしていることに感動すら覚える。

## 中国ハムと火腿を混同してはならぬ

さて中国の浙江（チョーチアン）省には、「火腿（ホイテイ）」と呼ぶ肉の発酵食品がある。実はこの食べもの、日本の鰹節に大変よく似ている。両烏豚（ルウウトン）と呼ばれる、火腿をつくる目的だけに品種改良された中型の豚（この豚の飼育には、決して残飯とか小麦、コーリャンなどの穀物は与えず、野菜を発酵させたようなものだけで育てる。こうすると、不要の脂肪があまり付かないので良質の火腿ができる）の腿（もも）だけを原料にして、これにカビを繁殖させてつくる保存食品である。軽く塩漬けにした腿を発酵室に吊しておくと、そのうちにカビが付いてくる。これをさらに半年ぐらい発酵と熟成を重ね完成品とする。正面を被っていたカビを払い取ると、飴色というかロウソクの焔のような美しい色が現れ、そのため、この発酵食品を「火腿」と呼ぶのである。

日本の鰹節は鰹を原料にして、それをカビで発酵させてカチンコチンに硬くさせてつくった保存食品であるので、実はよく似ている。中国では八〇〇年も前からこの火腿をつくってきたが、その食べ方は日本の鰹節と同じく出汁を取ったり、切って煮ものにしたり炒めものにしたりする。

ただし、火腿と日本の鰹節が似ているのは偶然の一致で、歴史的にも互いに全く関係がない。なお中国には中国ハムという、私たちが通常食べているハムと同じ一般的なハムもあるが、これを日本の本の中には「火腿」と紹介しているものもある。中国ハムと火腿とは別のものなので間違ってはならない。

火腿は両烏豚と呼ばれる小型の豚の腿肉にカビを付けて発酵させた食べもので、非常に出汁のとれる高価な発酵食品である（中国浙江省で）。

その火腿は非常に高価なもので、ほとんどは香港に出され、中国の外貨獲得のために貢献している。そのため、製品一本一本に番号が付けられて厳重に管理されている。私もこの火腿の工場を何度か訪れ、食べてみたが、味が大変に濃厚で、これでは美味な料理ができても不思議ではないと感心したのだった。とにかく中国に行くと、何が出てくるか分からぬほど珍しい発酵食品に出合えるので、嬉しいのである。

東北タイでは「マム」という肉の発酵食品と出合った。サコンナコーン県の村で見せてもらったが、牛肉赤身肉一キログラムを細かく切り、塩一〇〇グラム、糯米の飯一〇〇グラム、レモングラスとショウガを適量混ぜ、そのまま四～五日発酵させた早熟鮓である。しかし、三ヶ月ほど置いた本熟鮓にすることもあり、また材料には正肉身だけでなく牛や水牛の肝臓を刻んでつくった「マム」もあった。

第 12 章

# 「糀」という一徹

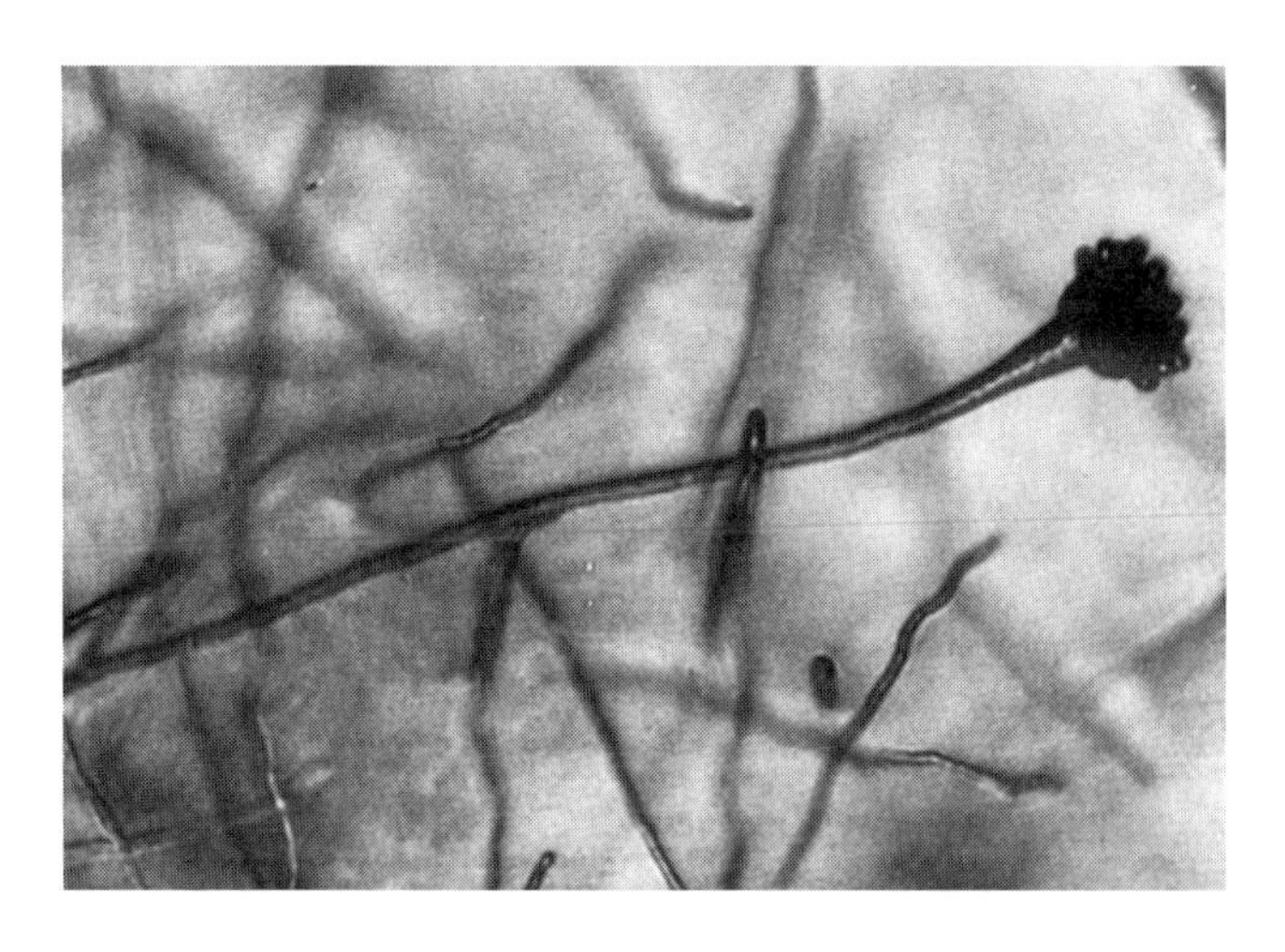

糀は蒸した米や麦、大豆といった穀物に糀菌を繁殖させたもので、これがあると我が国独自の発酵嗜好品を醸すことができる。この糀菌は日本にだけ二種生息していて、そのひとつが黄糀菌で日本酒、味噌、醤油、米酢、味醂、甘酒などをつくることができ、いま一方は沖縄に生息する黒糀菌で、焼酎をつくることができる。それゆえに糀菌は日本が「国菌」と指定している発酵菌なのである。日本を含め世界の国々には「国鳥」や「国花」、「国樹」、「国蝶」、「国魚」などを決めている例が多いが、「国菌」を指定しているのは日本だけである。写真はその糀菌が繁殖している様子で、菌糸の先端に付いている小さな球が胞子の集まり。

## 初出は『播磨国風土記』の記述

蒸した穀物に糸状菌である糀菌が生えたものが「糀（こうじ）」である。「麹」とも書く。我が国では、この糀を使ってさまざまな醸造物を大昔からつくってきた。例えば蒸した米に糀菌を生やして米糀をつくると、その糀で日本酒、焼酎、米味噌、醤油、米酢、味醂、甘酒などがつくられ、また煮熟（しゃじゅく）した大豆や麦に糀菌を繁殖させて大豆糀や麦糀をつくると、それで豆味噌や麦味噌ができる。そのため、この糀が無かったら日本の食文化はまったく味気ないものになっていたことは明白なことである。

それゆえに、発酵学を修めてきた私は、その糀あるいは糀菌にはただならぬ畏敬の念と崇拝心を抱いて研究し、そして接してきた。そのため、糀に関しての知識については誰にも負けないほど豊富であると自負している。さて私は、さまざまな文献から糀のことを調べあげ、また自ら研究、調査してきたのであるが、その中から特記しておくべきことを幾つか述べておくことにしよう。

まず糀の発生である。これは間違いなく古代日本でのことである。中国にも日本より遥か以前に麹があったが、それは日本の糀とは全く異なるものである。中国ではすでに五〇〇〇年前の竜山文化時代には酒がつくられていた。文献上は紀元前一二世紀前半の商王武丁の時の書『尚書・

説命篇』の中に「糵」という名で麴が出てくる。生の麦や高粱にクモノスカビを生やしたもので、蒸した米や麦、大豆に糀菌を繁殖させてつくる日本の糀とは全く違うものである。

日本での糀の発生を古文書で探ると、和銅六年（七一三）に播磨国正一位一宮の伊和神社（今の兵庫県宍粟市に在社）で撰された『播磨国風土記』（国宝指定）に見ることができる。そこには「大神の御粮沾れて梅生えき　すなわち酒を醸さしめて　庭酒を献りて宴しき」とある。「御粮」とは蒸した米、つまり強飯のことで、現代文に訳すと「神様に捧げた強飯が古くなって、そこにカビが生えたので、それで酒を醸し、その新酒を神に献上して酒宴を行った」ということになる。穀物にカビが生えたので明らかに糀である。

ただ、これが日本の糀の最初かというとそうともいえない。これはあくまで文献上の初見で、日本人はもっと以前から（生では食べられないので）米を火を使って調理して（当時は蒸して）食べていた。するとそこに自然界からカビがきて、その強飯に生えて糀が出来る可能性はとても高いのである。今でも、蒸した米を搗いて餅にしたものを神棚に供えておくと、必ずカビが付くのはその例である。

ところで『播磨国風土記』では、神様に捧げた強飯にカビが生えたものを何と記述しているかというと「加比太知」と書いてある。つまりカビが立ったからであるが、その後この「加比太知」は「加牟太知」に語源変化し、この語を時代と共に追っていくと「加牟知」→「カウチ」→「カウヂ」→「コウジ」に変化して現代に伝わっているのである。「加牟太知」から「加牟知」は奈良時代、「カウチ」は平安、室町、江戸時代、「カウヂ」は明治時代、「コウジ」は現代である。昭和初期までは今の「コウジ屋」のことを「カウヂ屋」といい、それ以後は「コウジ屋」になった。

## 糀菌は日本固有の有用カビとして「国菌」に指定

次に、糀菌（糀カビ）についても私は多く研究してきたのでわかったことを記しておく。日本酒や焼酎、醬油、味噌、味醂、米酢などの醸造物をつくるのには糸状菌（カビ類）が必要だが、この菌を使っているカビ食文化圏は、東アジア（日本、中国、台湾、韓国、北朝鮮）と東南アジア（タイ、ベトナム、カンボジア、ミャンマー、ラオス、ネパール、ブータン、インドネシアなど）である。ところがまったく不思議なことに日本だけが糀菌を使い、他の全てのカビ食文化圏の国々はクモノスカビを使っているのが最大の特徴である。それはなぜかというと、醸造に有用な黄糀菌は日本列島のみに固有的に生息しているカビだからである。

その日本でも、沖縄県では同じ糀菌の仲間の黒糀菌が強く勢力を伸ばしていて、その黒糀菌を使って泡盛（あわもり）という焼酎をつくっている。この黒糀菌は明治時代に沖縄県から鹿児島県や宮崎県に持ち込まれ、今の焼酎づくりに使われているのである。一方、北海道から九州までは広く黄糀菌が分布していて、今もその菌を使って日本酒、味噌、醬油、味醂、米酢、甘酒などをつくっている。黒糀菌を使って糀をつくると胞子が黒いのでまっ黒な糀ができ、黄糀菌でつくると淡黄色の美しい糀ができる。

こうして黄糀菌と黒糀菌は、日本固有の有用カビとして日本の食文化を二〇〇〇年以上つくり上げてきた。その偉功を称えて、平成一八年（二〇〇六）十月に日本醸造学会はこの両菌を「国菌」に指定したのである。世界の国々には国花や国鳥、国蝶、国樹などを定めている例を多く見ることができるが、国菌を持っているのは日本だけである。黄糀菌は日本列島に固有に生息している菌で、学名は「アスペルギルス・オリゼー」である。「アスペルギルス」は「糀菌」のこと、「オリゼー」は「米によく生える」の意で、つまり「米によく繁殖する糀菌」ということである。一方、沖縄県にしかいない有用黒糀菌の学名は「アスペルギルス・リュウチュウエンシス」である。「リュウチュウエンシス」とは「琉球にいる」で、「沖縄にいる糀菌」が学名になっている。

これらの学名は、世界の公的機関である国際微生物学連合によって登録されている。では、どうして日本列島には黄糀菌が、沖縄には黒糀菌が固有に生息しているのだろうか。それは、菌の生育している環境によるものと考えられ、年間の気温と湿度、日照量、風雪といった気象条件や米などの農作物、樹木といった植物生態系と関わっているのではないかと見られている。

## 私が「糀」の字を使うのには理由がある

ところで私が「糀」という字を使っているのには理由（わけ）がある。多くの場合は「麹」と書く人が多いし、実際日本酒や焼酎の原料表示等では「麹」の字が当てられている。また日本の法律のひとつである「酒税法」でも「麹」が使われている。では、「糀」という字と「麹」という字の違いはどこにあるのだろうか。そのことについて徹底的に調べてみたところ、幾つかの議論をしなければならない論点があることがわかった。

まず「麹」の字は、中国から入ってきた漢字である。その漢字は六世紀の仏教伝来と共に朝鮮半島の百済(くだら)を経由して日本に来た。しかし、中国では穀物にカビを生やして出来るものに最初から「麹」という字を使っていたのではない。紀元前一二世紀、今から三二〇〇年前の商王武丁の時の『尚書・説命篇』の中に出てくる「蘖」がそれである。それが周代、漢代、唐代を経て宋の時代（九六〇～一二七九）に「麹」という字が見えてくる。日本でいえば、平安時代が終わって鎌倉時代（一一八五～一三三三）に入った頃から麹という字が文書に見えてくるのである。従って、平安時代までの文書（例えば『延喜式』）には日本でも「蘖」が使われている。

「麹」の字は「麴」の略字である。左側の偏の「麥」は「麦(むぎ)」の旧字で、すなわち麦偏なのである。なぜ中国では麦偏を使うのかというと、中国のコウジの原料は麦を使うことが多いからである。ところが清代（一六四四～一九一二）の後期になると「麴」という字は使われなくなり、「麯(きょく)」が使われ出すのである。つまり麦偏に曲である、なぜ曲の字が付いたのかはどう調べてもわからない。そして文化大革命によって麦偏は取られ「曲(チユイ)」がコウジを意味することになった。従って、今の中国語に「曲」が出てくると音楽にあらずコウジのことなのである。例えば、中国の蒸留酒の白酒(パイチユウ)をつくる時に使われるコウジは「大曲(タイチユイ)」、紹興酒（老酒）をつくるコウジは「小曲(シイアチユイ)」と書かれている。

さて、私が使っている「糀」の字のことである。この字は中国から来た漢字ではなく、江戸時代末期に日本人が編み出した「国字」なのである。国字というのはそのほとんどに感情や感覚を伴い、米に黄糀菌がびっしりと生えたのを虫メガネなんぞで見ると、菌子の先端に点々と胞子が付いて、まるで米に花が咲いているかのように見えるのでこの名が考えられたのである。何と粋なのであろうか。ところで、どうして私がこの「糀」の字を使うかというと、第一の理由は、すでに中国では「麹」という字は使われてなくて、「曲」がコウジというのであるから、廃字になった漢字を使うのはそもそもおかしいこと。第二の理由は、日本の糀は日本酒でも焼酎でも味噌でも味醂でも米酢でも甘酒でも米に糀菌を生やして糀をつくるのだから、やはり麦偏の「麹」ではなく米偏の「糀」の方が正しいのではないかと思うからである。もうそろそろ日本の食文化の中心でもあるコウジは、中国の「麹」とか「曲」ではなく、日本人が考え出して理に適っている「糀」で統一するべきであると思う。

# 第 13 章

# 「乳の酒」という珍奇

酒の原料は穀物（米や麦、トウモロコシなど）、根茎（サツマイモやジャガイモなど）、果実（ブドウやリンゴなど）などさまざまあるが、動物の乳を原料とする酒はこの地球上では稀少中の稀である。それはなぜかというと、動物の乳に含まれている糖は乳糖という成分で、この糖を発酵してアルコールをつくれる酵母はほとんどいないからである。しかし例外もあって、モンゴルのような大草原地帯には乳糖を発酵してアルコールをつくる酵母が稀に生息している。写真は牛乳を発酵して乳酒をつくり、それを蒸留した乳酒蒸留酒で、大量の牛乳からほんの少ししかとれない貴重な酒である（中国内モンゴル自治区ハイラル市で）。

## なぜ乳酒には馬乳酒が多いのか

酒は、原料によって実にさまざまある。日本酒や麦焼酎、ビール、ウィスキー、ウォッカなどは穀物、ワインやブランデー、シードル、カルバドス、シェリーなどは果実、芋焼酎やテキーラなどは根茎、ミードは蜂蜜、ラムは黒糖等々。だが、動物の乳を原料にした乳酒となると、ほとんど売っていないので現地に行って飲むしかない。

なぜ乳酒が市場に出てこないかというと、乳を発酵させてアルコールを得ることは大変難しいからである。本来酒は、発酵微生物の酵母が原料由来のブドウ糖や麦芽糖を菌体内に取り込み、それをアルコールに変えて吐き出したものである。だが動物の乳に含まれる糖は乳糖といって、この糖を発酵できる酵母はほとんど存在しないからアルコールはできず、酒にはならない。

ところが、酵母の中には極めて稀なのだが乳糖を発酵できるものがいる。だがどこにもいるというものではなく、特別な環境にのみ生息しているので、そこに行かなければ乳酒は飲めない。ではそれはどこかというと、牛や馬などを飼っている牧舎や搾乳所、あるいはその近くの牧草地などである。つまり常に乳が近くに在るところで、中には乳牛や山羊の乳房に付着しているものもある。私がモンゴルや中国の内モンゴル自治区の遊牧民を訪ねると、ゲルの中から出てきた主

人は必ずといってもよいぐらい馬乳酒か牛乳酒を持ってきて歓迎してくれる。その酒ができるのも、彼らの周りには乳糖を発酵してアルコールにしてくれる特殊な酵母がいるからなのである。

さて私は、これまでさまざまな乳酒を飲んできた。それを列記してみると、馬乳酒、牛乳酒、山羊乳酒、羊乳酒、水牛酒、ロバ乳酒、ラクダ乳酒、ヤク乳酒の八種類で、一番多く飲んだのは馬乳酒であった。馬乳酒と牛乳酒、山羊や羊の乳酒はモンゴルと内モンゴル自治区で何度も、ヤクの乳酒はチベットで、ラクダの乳の酒は中国の新疆ウイグル自治区で、水牛酒はネパールでそれぞれ一回飲んだことがある。馬乳酒はモンゴルや内モンゴル自治区だけでなく、黒海とカスピ海に挟まれたカフカス（コーカサス）地方でも飲んだ。

なぜ乳酒というと馬乳酒が一番多いのだろうか。実はそれには理由がある。それは動物の乳の中に存在する糖は乳糖だけで、人間の母乳には約七パーセント、馬乳には約六パーセント、牛乳や山羊、羊、ラクダ、水牛などでは約四パーセント含まれている。この乳糖に乳糖発酵酵母が作用してアルコールができるので、原料乳の中に乳糖が多く入っているほど、酒のアルコール度数は高くなり、従って比較的乳糖の多い馬乳が使われるのである。馬乳酒といっても、乳に含まれている糖分はたったの六パーセントなので、酒になってもアルコールはせいぜい二パーセント以下。また、酵母だけでなく乳酸菌も乳酸発酵を起すので乳糖を消費し、酸味のある液状ヨーグルトのようなものである。以下に私が見てきた馬乳酒のことについて述べる。

モンゴルの首都ウランバートルから南へ車で一日かけてブルドと呼ばれる草原に行った。途中のアルバイヘールまでは舗装道路になっていたが、そこから先はただひたすら草の道を走った。ブルド草原にはポツン、ポツンとゲルが建っていて、そこで遊牧民たちが家族、そして家畜と共に生活している。馬乳酒が飲めるのは、馬が出産を終えた初夏から九月頃までの搾乳可能な三ヶ月ほどである。その他の季節には馬乳はとれないし、秋を過ぎると寒くなって発酵もスムーズにいかない。それを知っていた私は、ブルドに七月に行ったので馬乳酒はずいぶんといただいた。

馬からの搾乳は牛のようにはいかない。地面に杭(くい)を打ち、そこに手綱(たづな)を縛る。次に子馬を連れてきて乳を吸わせる。乳が出始めたら子馬を引き離し、脇に立たせておいて女性が容器を抱えながら乳を搾るのである。わずか一〇〇ccから一五〇cc搾ったらそれで第一回目は終わる。これを二時間おきに七回から一〇回近く繰り返すのである。それでは子馬は乳が飲めないのじゃないかと思われるが、夜間放牧する間に自由に飲んでいるので心配はないという。この地方では馬乳酒を「アイラグ」と呼んでいた。

一日に何回かに分けて採取してきた馬乳を合わせてフフルに入れて発酵種菌(スターター)を加え、ひたすら攪拌する。フフルとは牛の皮あるいは胃袋を乾燥させてつくった袋で、これを力強く転がしたり押し潰したりすると攪拌できる。スターターは前につくった馬乳酒の一部を穀物の粉に含ませて乾燥保存しておいたものであった。こうして、できるだけ攪拌しながら三日間この作業を繰り返すと馬乳酒ができる。

## アルコール度数七〇パーセントの「ホルツ」の意味は「毒」

モンゴルでは、人間は「赤い食べもの」と「白い食べもの」で生きているという考えがあり、赤が肉、白が乳製品を指している。発酵させることにより、人体にとって不可欠のビタミン類が菌によってもたらされるので、乳製品は特に大切なものになっているのである。そのため馬乳酒は酔うという楽しみだけでなく、体のための飲みものでもあるのだ。私がびっくりしたのは、遊牧民の人たちは馬乳酒の期間、実に驚くほどこれをよく飲むことで、たった三ヶ月の限定期間とはいえ、丼鉢のような大きな器でとにかくガブガブ飲む。女性も一日に一〇杯は飲むのだから、男性は二〇杯はいくであろう。とにかく随時自由に飲んでいる。聞いてみると、この期間一〇人で一〇〇リットルぐらい飲むのは稀でないという。赤ん坊には少しだけ飲ませるし、小さい子供にも平気で飲ませていた。この辺りを考えると、酒というよりは一種の栄養源と考えた方がよいのかもしれない。その馬乳酒の味だけれど、やや発酵乳の香りがして、口に含んで味を見ると酸味が強く、クリーミーで、酒というよりはヨーグルトに近かった。

そのブルドのゲルで「アルヒ」をつくっているのを見せてもらった。アルヒとは牛乳の酒を蒸留してアルコール度数を高めた酒である。つまり、日本流にいえば牛乳を原料にした焼酎のようなものである。馬乳酒は貴重であるからアルヒをつくるのは牛乳酒である。アルコールはせいぜい二~三パーセントしかない牛乳酒を蒸留してどれぐらいのアルコールを持った酒にするかは、蒸留の回数次第ということになる。通常は一二リットルの牛乳酒を蒸留して二リットルほどのアルヒを得ているが、この一度目のアルヒのアルコールをもっと高めたいならば、これを再び蒸留すればよい。このように再留したものを「オウヒ」、それをまた蒸留すれば「アルツ」、さらにアルツを蒸留すると「ホルツ」となる。ホルツになるとアルコール度数は七〇パーセントにもなり、モンゴル語で「毒」を意味する「ホル」という語を当てているのである。

遊牧民のつくるアルヒの場合、一五リットルの牛乳酒を蒸留して、アルコール約七パーセントのアルヒが三リットルほど得られる。モンゴルでは蒸留した酒の総称を「アルヒ」、穀物を使った酒を蒸留すると「ツァガーン・アルヒ」、家畜乳での酒を蒸留したものを「シミーン・アルヒ」と呼んで区別している。従って牛乳酒や馬乳酒を蒸留したものは、正しくはシミーン・アルヒということになる。

## 異常に安いアルヒは買ってはいけない

シミーン・アルヒは買おうと思えばウランバートルやエルデネト、ダルハンといった大きな街では可能である。ただ、これをつくるとなると沢山の乳を必要とするほか、蒸留のために大量の燃料と水とを使わなければならない。その上、酒の収量も少ないので、値段は高くなる。近年、企業ベースで製造販売が行われてきた市販のシミーン・アルヒ（アルコール度数二〇～四〇パーセント）もまだ稀少品で値段が高い。ただ、ここで注意しておかなければならないのは、モンゴルでシミーン・アルヒを

中国内モンゴル自治区満洲里市の白酒工場の前にて。白酒（蒸留酒）工場といっても医薬用アルコールから乳酒まで何でもつくる。

買う時である。通常、四合ビン（七二〇ミリリットル入り）に詰められているが、一本一〇〇〇トゥグリク（日本円で四〇円）という異常に安いものは、原料不明である上に体にも危険である可能性が高い。そのようなものは、大抵個人が無許可でつくった密造酒であるから買ってはいけない。ドルショップや空港の売店で売っている正規品は、キャップに政府公認の証しとなる封緘紙（ふうかんし）が貼られているので、それを買うことだ。

ツァガーン・アルヒはロシアのウォッカ的酒である。そのため免税店では「モンゴル・ウォッカ」印や「チンギス・ハーン」印のウォッカが売られている。大きな国営アルコール工場でつくられていて、原料は小麦、ライ麦、トウモロコシなど、アルコール度数は五〇パーセントである。中国の内モンゴル自治区のハイラル（海拉爾）市内で買った「奶酒（ナイチユウ）」という牛乳酒の蒸留酒は、アルコール度数が三〇パーセントで無色透明、日本の焼酎に似ている。それを飲んでみると、チーズのような酪臭があって独特であった。蒸留してアルコールを高めることは、その酒の匂いの成分も高めるのだから当然のことで、逆にその匂いが塩茹でした羊の肉や自家製チーズの匂いと一体となって、酒と肴の相性が成立するのである。

第 14 章

# 「臭い魚」という極道

日本には伊豆の島々にある「クサヤ」や滋賀県の「鮒ずし」、和歌山県の「紀州熟鮓」など見事に臭みの強い魚の発酵食品がある。ところが、それらの比ではないほど猛烈な臭みを持った魚の発酵食品が海外にはある。写真は韓国の鱏の発酵食品「ホンオ・フェ」で、この切り分けた刺身ひと切れを口に入れて噛み深呼吸してみると、「瞬息で鼻孔からアンモニア臭を主体とする猛烈な臭みが抜けてきて、100人中98人が気絶寸前、2人が死亡寸前になる」と韓国の料理案内書に書かれている。実際私も何度か試したが、その表現はまんざら大袈裟ではなく本当に近いものであった。

## 解禁日が決まっている「地獄の缶詰」

発酵食品の特徴のひとつに、匂いが独特なことが挙げられる。納豆、チーズ、クサヤ、熟鮓（なれずし）などはその例であるが、日本のクサヤや熟鮓以外にも、もっと強烈な臭みを放つ魚の発酵食品がこの地球上には幾つかある。これから述べることは、その中でもとびっきり強烈で、鼻が曲がるようなものを私が現地まで行って確かめてきたものだ。

まずは、スウェーデンでは「地獄の缶詰」と呼ばれて恐れられているニシン（鰊）の発酵缶詰「シュール・ストレンミング」の話である。この缶詰（日本の缶詰の五倍ほどの大きさ）は、魚の発酵食品中最も臭みが強い極道者で、「シュール」は「酢っぱい」、「ストレンミング」は「（バルト海産）ニシン」という意味である。このニシンの塩漬けの発酵缶詰は、フランスのボジョレー・ヌーヴォーと同じように毎年解禁日が決まっている。三月から四月にかけて獲れたニシンを塩水と共に発酵させ、その発酵中のものを缶詰にしてからさらに缶の中でも発酵させ、八月の第三木曜日を解禁の日と定めている。この日は「シュール・ストレンミング祭り」ともいわれ、スウェーデン国内のみならず、海外からも観光客が集まるのである。私も二度ほどこの祭りに行って鼻を曲げてきた。場所はストックホルム市の旧市街の一角で、シュール・ストレンミングを好む多く

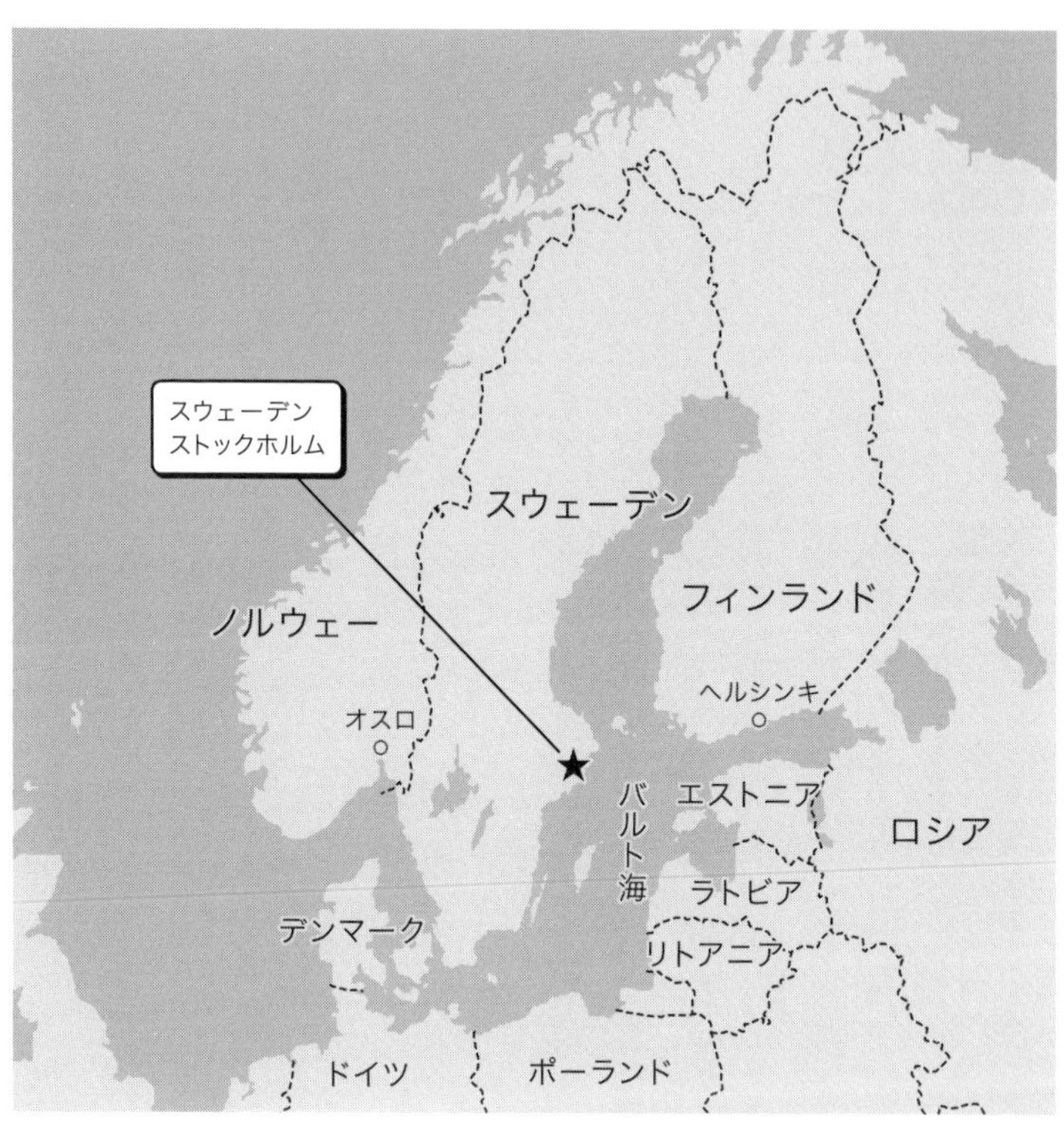


の好事家たちが缶を開け、しっかりと匂いを嗅ぎ、手でつまんで頬張って、とても賑やかであった。じっくりと発酵と熟成を施したビンテージものが最も好まれ、それを特設売り場で買い求める人で行列ができていた。

このシュール・ストレンミングの原料はバルト海で獲れたニシンで、これを開いて少しの塩をし、一度樽のような容器の中で発酵させ、発酵が旺盛になったところで缶詰にしてしまう。ところが、缶詰というのはその直後に加熱殺菌をするから、中の腐敗菌は死滅し、無菌状態となって開缶しない限り半恒久的に保存ができるのであるが、このシュール・ストレンミングは加熱殺菌をせず、そのまま発酵室に運ばれ、今度は缶の中で発酵を続けていくのである。

発酵菌は主として乳酸菌で、密閉された缶の中には空気がほとんどないので、嫌気的な発酵が起こる。こうなると発酵菌は通常の代謝と異なる異常代謝を起こし、匂いの強い有機酸や硫化水素、アンモニアなどをつくるのである。そのため「地獄の缶詰」などと呼ばれるほどの臭みを持つことになるのだ。この異常発酵と共に、発酵中には二酸化炭素（$CO_2$）が発生するので、その内部からのガス圧で缶詰は変形して膨れ上がりパンパンに膨張する。少しの衝撃でも缶は破裂することがあり、危険でもあるのだ。スウェーデン国内では、この缶詰の製造中や輸送中に缶が爆発することもしばしばあるということである。注意はしているのだそうだが、なにぶんにも発酵菌のやることなので大変だと言っていた。ただし、このシュール・ストレンミングの缶詰は、通常の日本の缶詰に比べると五倍ほど大きいので、本当に爆発したらそれこそ凄いことになるだろう。まさに「地獄の缶詰」である。

さてこの缶詰を開くには、無防備に行ってはいけないことになっている。缶詰の外に開け方が書いてあり、四つのことを守って欲しいというのだ。第一は「家の中では絶対開缶しないこと」。家の中で開けて、缶詰から炭酸ガスと共に勢いよく内容物が吹き出してきて天井や壁、床などに付いたらやっかいなことになるから屋外で開けなさい。第二は「開缶する人は必ず不要なものを身にまとって行うこと」。勢いよく吹き上げてきて、着ている服に飛びはねたりしたら、服は汚れるばかりでなく臭い匂いがいつまでもこびり付いて取れにくくなる。だからビニール袋のようなものを被ったり、捨ててもよいような雨合羽を身につけたりしなさい。第三は「開缶する前に缶を冷やしてガス圧を下げよ」。冷蔵庫にあらかじめ入れて冷やすとガスの圧力が下がるのでそうしなさい。第四は「風下に人がいないかどうかを確かめよ」。もしいたら、その人は匂いでいたたまれなくなるので注意せよ。この第四番目の注意はスウェーデン人のジョークである。

さて、缶詰を実際に開けてみたらどうなるか。私はこの四つの注意事項をある程度守って開缶したことがある。パンパンに膨れていた缶に缶切りを差し込んだとたん、中から強烈な臭みを含んだガスが「ジュ～ァー」という音を立てながら出始め、その周囲はとたんに異様な臭気に包まれた。とにかくそのガスが収まるのを待って、缶を開け、発酵してベトベトに溶けた状態のニシンを取り出してみると、色はやや赤みを帯びた灰白色で、匂いはタマネギの朽ちたようなものに傷んだ魚のような匂いが混じり、そこにクサヤの漬け汁の匂いも加わり、さらに大根の糠みその匂いも重なり、ギンナンを踏み潰した匂いも参加したような、とてつもない強い臭さであった。発酵しているのだから腐ったわけではないのに、とにかく凄い。

味は、酸味と塩味に魚の塩辛のような濃厚なうま味が重なり、口に含むと魚片の内部に溶け込んでいた炭酸ガスがジュワワーンと出てきて舌の先をピリピリさせた。まあ一口で言ってしまえば、猛烈な臭みを持った塩辛に炭酸水を混ぜ込んだような味であった。

密閉した大きな缶詰の中で、ニシン（鰊）を発酵させるシュール・ストレンミング。地球上で最も臭い食べものとされ、「地獄の缶詰」とも呼ばれている。

スウェーデンでは、このシュール・ストレンミングをパンに挟んだり、野菜で包んで食べたりするが、スウェーデンの人がみんなこの発酵食品を好むのかといったらそうではなく、嫌いな人も結構いるという。スウェーデンとデンマーク、フィンランドの北欧三国のレストランに行くと、ニシンの漬け物は食事中必ず出てくる。そのほとんどは酢漬けだが、スウェーデンだけは特別に注文するとこのシュール・ストレンミングを出してくれる。

この発酵食品を栄養面から見ると、栄養バランスはとてもよく、特にタンパク質に富んでいるだけでなく、活力源のアミノ酸が際だって多い。また他のニシンの酢漬けなどに比べ、ビタミン類がかなり多く含まれているのは、発酵菌によって生成されたからである。またカルシュウムやマグネシウム、リンなどのミネラルも多く含まれている。脂肪は発酵中に菌によって分解されほとんど無くなっている。最近、このような発酵食品には、共通して老化制御機能や免疫賦活作用があることが次々にわかってきているので、きっとこの魚の発酵缶詰にもそのような成分が含まれているに違いない。

## 「草でつくる魚の熟鮓」

臭い魚の発酵食品を求めてロシアのカムチャツカ半島へも行った。新潟空港からウラジオストックに入り、そこで飛行機を乗り換えてカムチャツカ州の首都ペトロパブロフスク・カムチャツキーに入った。実はこの半島の東海岸に住むコリヤーク族には、土に魚を埋めて発酵させる保存食の「キスラヤ・ルイベ」、ロシア語で「酸っぱい魚」があるという文献を見つけ、ぜひ行ってみたいと計画したのである。

その文献には、「まず地面に縦、横、深さそれぞれ一・五メートルほどの穴を掘る。この穴の底や壁面に樹皮を張りつける。穴の上には何本もの棒を渡し、その上に厚く草を被せる。真ん中に魚一匹が入る大きさの穴をあけておく。この穴から獲れた魚を落とし込んでいき、一杯になると粘土で封をする。このあと、上からさらに木の枝で被い、そのまた上に丸太を渡して、その端を二股になった木の枝で押さえ、その二股の木の枝を地面に打ち込んでおく。これは、野犬やキツネなどが貯蔵穴を掘り返さないようにするためである。こうして、秋に獲れた魚で乾魚などに加工しきれない生の魚を貯えておくと、やがて発酵してくる。普通はこれを早春の食料の端境期(はざかいき)に開く」とある。

だがこの時は、私たちの現地への連絡不足と、現地の村で発生した何らかのトラブルのため、外国人への対応など後回しになったということで、止むなくその「キスラヤ・ルイベ」の調査を断念した。そのため、カムチャツカ半島を西に向かって横断し、次に北上し、周辺の村々を調査しながら半島の付け根のパラナ、オソまで行った。途中に温泉が幾つもあったので入浴したり、遠くにノッソノッソと歩いている巨大なカムチャツカ・ベアーを発見したりしながら、何とも余裕のある旅となった。とにかく、私は好奇心が強いのでこれはと思ったものはぜひ現地に行って確認したくなる習癖がある。しかし、今回のように完璧な調査にはほど遠い失敗例もしばしばあった。ところが次に述べる調査は、発酵学の分野では初めての知見を見出すことができ、あちこちから驚きと称賛の声が挙がるという大成功例であった。

それは、ロシアとモンゴルの国境に接する中国の内モンゴル自治区で見つけた「草でつくる魚の熟鮓」の発見だった。このことは日本で刊行された多くの発酵に関する書物に全く報告されていなかったので、私は日本の学会で報告したのである。その発見の様子を以下に述べる。

北京から飛行機で三時間飛び黒龍江省の斉斉哈爾（チチハル）に行った。そこから浜洲線（ピンチョウ）の列車に乗って、九時間でロシアとの国境の街満州里（マンチュウリ）に着いた。途中は草の海を行くが如き大平原の中をどんどんと列車は疾走し、さすがは世界三大草原の一つフルンボイル大草原だなあ、と感動した。この街からロシアとの国境までは五四キロだというので行ってみると、いやはや驚いた。巨大な白亜の門の国境検問所の向こう側、つまりロシア側を見ると、少し高い丘にロシア軍の戦車が何門も中国側に砲口（ほうこう）を向けて配備されていて、厳重な国境線なのだと直ぐにわかった。その満州里の街から今度は車で大草原の中の長い一本道を南西に向かい、一時間ほど走ると巨大な湖に着いた。そこがフルンボイル大草原に横たう達賚湖（ダライ・ノール）別名呼倫湖（フルン・ノール）である。中国で五番目に大きな淡水湖で、湖水面積二六〇〇平方キロメートル、日本の琵琶湖の六七〇平方キロメートルと比べても四倍近い大きさである。平均深度は五メートル、最大深度一八メートル。どうしてその湖に行ったかというと、中国で刊行された文献に、この湖の周辺に住む遊牧民たちの中には、湖で獲れる魚で保存食をつくっている人たちがいるという記述を見つけたからであった。私はこの文献を読んで、おや？ 不思議だなあと思った。それは、遊牧民は毎日、主食のように牛、羊、山羊、馬などの乳を飲み、肉を食い、またそれを加工してバターやチーズをつくって食べる。あれだけタンパク質の豊富な食生活をしているのに、わざわざ魚を獲ってきて、それを保存食にする必要があるのかということであった。私にはどうしてもそのあたりが引っかかり、これは現地に行って見てくるしかないな、と決めたのである。

## 飯の代わりに草を使う

湖はとてつもなく大きいので、周りに遊牧民がいても見つけにくい。そこで、しばらく湖岸の車道、といってもやっと車一台が通れるほどの道をゆっくりと走っていると、遠くの草原の中に遊牧民の家である移動式住居のゲルが見えた。湖畔から二キロほどのところである。私たちがそのゲルを訪ねると、周りの牧草地には二〇頭ぐらいの牛と、数頭の馬が放牧されていた。するとゲルの中から四〇歳ぐらいの主人と一〇歳ぐらいの男の子、妹だろうか七歳ぐらいの女の子が出てきた。「こんにちは。俺たちは日本という国から、この湖を見たいので観光に来ました。いろいろ話を聞いてみたいのですがよろしいですか？」と通訳を通して聞くと、「いいですよ」という返事。するとそのとき、ゲルの中から把っ手付きのミルクカップを幾つか載せた盆を持って、婦人が出てきた。主人の奥さんだろう。

主人は、

「よくこんなところまで来ましたね、歓迎します。まずこれを召し上がってください」

と言って、バター茶を出してくれた。少し前までは、このようなときは馬乳酒で歓迎、ということになっていたのであるが、この家はバター茶であった。しばし歓談し、本題に入る前に、男の子には秋葉原で買って行った乾電池式携帯ゲーム機と乾電池一ダース、女の子にはチョコレートやスナック菓子のエビせんべい、お母さんには浅草で買って行った千代紙と髪飾り、お父さんにはやはり秋葉原で調達した双眼鏡を土産に渡すと、皆んな嬉しさを全面に出して喜んでいた。とりわけお母さんは、千代紙と髪飾りを初めて見たのだろうか、その美しさに感動し、満面に笑顔がこぼれた。

こうしてすばらしい雰囲気が醸成され、いよいよ話を聞いてみることにしたが、そこではとんでもなく凄い話が展開されたのである。まず私はこう切り出したのである。

「この湖には魚がいて、それを獲ってきて保存食をつくるということを本で読んだが、それは本当ですか？」

そう質問するとお父さんは、とたんに目を輝かせて、

「私もつくっている。何なら見せましょうか」

と、信じられないことを言うのであった。こんなに話がとんとん拍子に進展するなんて思ってもみなかった。

お父さんの話では、この湖には鯉(こい)、鮒(ふな)、草魚(そうぎょ)、桂魚(けつぎょ)、黒鰱(こくれん)などがいる。釣り人はほとんどいないし、大掛かりな漁撈もこの辺りでは行われていないので、その気になればいくらでも釣れる。釣り方は馬の鬣(たてがみ)か羊の毛を縒(よ)って丈夫な糸をつくり、それを繋(つな)ぎ合わせて天蚕糸(テグス)をつくる。その先端に返しの付いた針を縛りつけ、その針には小麦粉を水で練った団子を付ける。針の位置から五〇センチぐらい上のところに小さな鉄の輪を付けて重りにする。仕掛けができたら、それを持って湖岸に行き魚を釣る。釣竿などは使わない、というから日本でいえば脈釣りで行うのだろう。実にシンプルな仕掛けである。

釣りに行くときは息子と行って、二人で羊の皮袋に半分も釣ってくる。その皮袋とは、羊の皮を鞣(なめ)してつくった大きな袋のことで、鯉なら一〇尾、鮒なら五〇尾から六〇尾は入るという。魚で重くなっても馬の背にのせて運ぶので大丈夫だという。ただ、そう頻繁に釣りに行く必要がないのは、牛乳が毎日採れるからだが、初夏に牧草が鬱蒼(うっそう)と生える時期には必ず釣りに行く必要がある、というのだ。それはなぜ？　と私が聞くと、彼は極めて重要なことを話してくれたのである。その話には、私がこれまで見てきた多くの文献にさえ全く記述されていない、学問的に見ても新しい知見が含まれていたのだった。

それは何と、獲ってきた魚を牧草で発酵させるというのである。ここへ来る前に日本で見た文献では「湖魚で保存食をつくっている遊牧民がいる」とは書いてあったが、まさか牧草を使うとは想像もしていなかった。一体どのようなことなのかと、メモをとりながらさらに聞いていった。私と同行していた若い発酵学者の卵たち三人も、やや緊張した面持ちで聞いている。お父さんはまずそのつくり方を教えてくれた。魚を何十匹も釣ってくると、その日のうちに漬け込んでしまうという。魚の鱗（うろこ）を取り除き、腹を裂いて腸（わた）を出す。そしてその魚一尾一尾に塩をまぶし、腹にも塩を軽く入れる。塩は牛に与える岩塩を砕いて粉状にしたものを使う。一方で牧草を刈ってくる。仕込む場所は決まっていて、一日中日当たりのいい南向きのところで、毎年つくるのでそこには穴が掘ってあり、穴の大きさは深さ一メートル、口の直径六〇センチぐらいである。刈ってきた新鮮な牧草を穴の底一面に敷き、その上に魚をびっしりと並べていく。次にその魚の上に草を敷きつめていき、その草の上にまた魚を並べていく。こうして魚と草を交互に重ねていき、一番上に草の層を厚く盛り、その上に土を被せて仕込みは終わりだということだった。

まず驚いたのは、日本の熟鮓のつくり方によく似ていることである。近江の鮒鮓では、炊いた米、つまり飯（いい）と塩漬けした鮒を交互に漬け込んでいくが、内モンゴルの牧草地では飯の代わりに草を使うこと、漬け桶の代わりに土に掘った穴を使うことが異なるぐらいである。どれぐらいの間土の中で発酵させるのかを聞いてみると六ヶ月だという。私たちが今ここにいるのが十月。とすると四月か五月に仕込んだのならそろそろ掘り出す時期だな、と思った。そこで、

「今年の春に穴に入れた魚はいつ掘り出すのですか」

と聞いてみると、お父さんは指を折り折り過ぎた月を数えてから、

「そろそろだね。せっかく遠い国から来たのだろうから、今日これから掘り出してみようか」

と、願ってもない返事であった。そして、

「それじゃ行きますか、付いて来るといいよ」

と言うと、そのゲルから五〇メートルほど離れた牧草地に案内してくれた。日本人が珍しいのか、土産をもらったので嬉しいのか二人の子供も笑顔で付いてきて、飼い犬二匹も尾を振り振り付いてきた。


その穴の周りだけがきれいに牧草が刈られていて、日当たりをよくしている。お父さんが鍬(くわ)を使って穴に被さっている土を除いていくと、一番上の草が出てきた。半年も経っているので、草の緑色はかなり褪色して、淡い黄色味を帯びていた。草を大切にそっと取り出し、その草を皮袋に入れていく。するとその草からとても牧歌的な匂いが起こってきた。よく日本の酪農地帯に行くと嗅ぐことができる、トウモロコシの葉や茎を発酵させるサイロから出てくる発酵飼料の匂いだ。その匂いから、穴の中に生息していて魚と草を発酵している菌はどうやら乳酸菌と酪酸菌とが主体であると思った。お父さんが草をきれいに除くと、魚がびっしりと現れてきた。そしてその中の魚を一尾私に渡してくれた。鮒を漬けたという。魚は大きくズシリと重く、身は崩れずにしっかりとしていて、むしろ締まっているほどである。ところが匂いがかなり強(きつ)い。牧歌的などという長閑(のどか)なものではなく、強いチーズの匂いに似ていた。そしてその匂いを嗅ぎ、この臭みは

腐敗ではなく明らかに発酵であることを確信した。

私はかつてＮＨＫ総合テレビの番組「課外授業ようこそ先輩」に出演し、小学校六年生の諸君らと共に匂いの体験実験をしたことがある。その時は腐敗した鯖と発酵したシュール・ストレンミングの匂いを嗅がせ、子供たちが危険を感じるのは鯖の方であることを証明。すなわち人間は発酵と腐敗を本能的に鼻で嗅ぎ分けられることを明らかにしたのである。このことにより、テレビ番組批評家懇話会放送文化顕彰委員会からギャラクシー賞を授けられた過去を持っている。そんなわけで、人は発酵と腐敗を本能的に匂いで嗅ぎ分けられるという持論を持っているので、その熟鮓の匂いを嗅いでとても安心したのであった。

というわけで、穴から出てきた鮒は臭みは強いが発酵系の匂いであり、安心して食べることができる。お父さんは鮒をそっくりと取り出し、それを別の皮袋に納めた。そしてまた発酵した草を取り出して皮袋に入れていく。こうして草と鮒を交互に取り出してそれぞれの皮袋に入れた。そして、穴がすっかり空になると、今度は刈っておいた新しい草のみを穴に投入し、その上に土を被せて来年度の仕込みのときまでそのまま置いておくという。これはとても高度なアイディアで、私の考えるところ種菌の継続培養なのかもしれない。つまり穴の中には、たった今まで発酵していた菌の一部が土の底や壁面に付着しているのであるが、そこに新しい草が入ってくると、再び発酵と増殖を繰り返して猛烈な数の種菌が保持されることになる。そして来年の仕込みのときにその発酵した草の一部を加えて仕込むことにより、それが種菌となってスムーズに発酵が行われることにつながる。こうして発酵する菌が最初から圧倒的に多いと、そこに腐敗菌の侵入していく余地はなく、発酵菌だけでの発酵の世界が繰り広げられていくのである。その上、牛や羊、馬などを飼っている牧場や牧草地の草には、多量の乳酸菌が付着して生息しているという研究報告が数多くなされている。従って、牧草遊牧民の先達者たちは生活の知恵として「乳」と「草」と「乳酸菌」と「発酵」を一本の線で結びつけたのであろう。

## 「人は草は食べない」

さて驚くのはそれで終わらなかった。私が、

「掘り起こした鮒は食べるのでしょうが、草も食べるのですか？」

と聞いたのだ。すると、意外な答が返ってきた。

「人は草は食べない。取っておいて仔牛が病気になったときに食べさせる」

と言うのであった。

「どんな病気ですか？」

「下痢のとき。仔牛の病気のほとんどはこれね。長く続くと弱って死ぬから、早く治すためには掘り出した草を与える」

私はこの会話で驚いたのだ。人が下痢したときなどの治療法のひとつとして、乳酸菌と酪酸菌を含んだ整腸剤を投与することがあるからだ。

とにかく、この達賚湖の辺のゲルに住む遊牧民からは新鮮な情報がどんどんと供給されるので実に有意義な調査ができた。さらに私は、

「ところで発酵した魚はどのように料理して食べるのですか？」

と聞くと、面白いことを語ってくれた。

「魚から頭、骨、尾、鰭を外して身だけをむしり取り、それを鍋に溶かしたバターで炒めて食べる。食べ方はこれだけだよ。毎日羊の肉ばかり食べていると、たまには別のものも食べたくなるものでね。これを食べるのはとても楽しみなんだ」

私はこの食べ方を聞いて、とても美味しいものだろうなあ、と思い、少々羨ましく思った。私がある時、かつてのモンゴル人民共和国を旅していたとき、モンゴル人は魚を食べないという話を聞いたことがある。それはモンゴルでは魚は神の化身とされ、神聖な生きものと考えられてきたからだという。とすれば、内モンゴル自治区は中国領であるので、中国からの食文化の影響を受けているのではないだろうかと思った。

それにしても米で魚を発酵させて熟鮓をつくる日本人に対して、草で魚を発酵させて熟鮓をつくる内モンゴルの遊牧民。乳酸菌や酪酸菌を培養して整腸剤をつくる日本人に対して、草を使ってそれらの菌を培養し、仔牛の下痢を治療する内モンゴルの遊牧民。互いは違う民族であるけれども、行き着く先で知恵は重なってくる。これが人間の英知というものなのかもしれない。

私たちはたったの半日間の滞在であったが達賚湖の辺のお父さん、お母さん、二人の子供と別

れるのはとても残念な気がした。その時私は、

「また必ず来ます」

と約束したが、その三年後、黒龍江省の哈爾濱（ハルピン）まで行ったので足を延ばして彼らに会いに行くと、俺の顔を忘れていなかった。突然の再会に少年と妹は「馬に乗せてやる」「魚釣りに行こうよ」と大はしゃぎであった。私はその日、ゲルに泊めてもらい、久しぶりにゆったり、のんびりした。そして翌朝、草原の空気の爽やかだったこと。

## 奇食の域に達している

凄く臭い魚の発酵食品を求めて、韓国全羅南道の木浦（モッポ）に三度も行った。最初はＮＨＫ総合テレビの「土曜特集」という番組の取材と出演のため、二度目は韓国全土にキムチの調査に行ったとき、三度目は福岡市から高速艇「ビートル」に乗って釜山から木浦にかけての濁酒「マッカリ」の調査であった。これから述べる内容は、最初に訪れたときの驚きと興奮の状況がいまだに生々しく残っているので、その時の話を中心にすることにした。

木浦は韓国最南端の港町で人口二十五万人の中堅都市である。風光明媚で、一度訪れるとまた行きたくなるような旅心に駆られる街である。その街の中心には巨大な岩山が聳（そび）えていて、その頂上に登るときは、足元が掬われて我が身が宙に浮くのではないかと思うほどスリリングな名所である。この木浦には驚くべき食べものがある。魚のエイ（鱏）を発酵させた伝統的食品で、

故・金大中元大統領（全羅南道出身）も若いころはこの食べものが大好物だったということである。この伝統的というよりは伝説的と言った方が正しいような凄い食べものを「ホンオ」といい、それを生で刺身のようにして食べるのを「ホンオ・フェ」という。

そのつくり方は極めて単純で、まず大型のエイを厚手の紙に包み、これを大きな甕に詰め込んでおく。数匹入れたらば、上部より重石で圧して空気を抜き、蓋をしてそのまま冷暗所で保管し、自然に起こる発酵を待つのである。ただそれだけだ。十日もすると、発酵が進んで猛烈なアンモニア臭を発してきて出来上がりとなる。それ以降も冷暗所に保管しても、アンモニアによる強いアルカリ性のために腐敗菌は寄り付くことはできず、変質が防げるということである。この発酵はエイ自体の自己分解と嫌気性アルカリ菌によって行われ、エイの成体成分のひとつである尿素やトリメチルアミンオキサイドという物質が菌によって分解されアンモニアが発生するのである。

日本の食品衛生法では少しでもアンモニアが含まれている食品は売ることができないというのに、そのアンモニアをどんどん発生させるのであるから、これはまさに奇食の域に到達している食べものということになろう。さてその食べ方だけれど、甕から引き出してきたホンオを俎板にのせ、五ミリメートルぐらいの厚さに軟骨ごとスライスして刺身にし、それを特製のコチュジャン（唐辛子味噌）ダレにつけて食べる。また、茹で豚三枚肉のスライスと共にレタスの葉に包み、そこにコチュジャンをつけて食べる方法もある。さらに、ぶつ切りにしたホンオを蒸したり煮たりしてからさまざまなタレをつけて食べることもする。最も人気のある食べ方は、やはり刺身で食べるホンオ・フェである。フェとは生肉の意。

## 「金メダル食堂」の名物女将

エイは、以前は木浦から船で三時間ほど西南に行ったところにある黒山島（フクサンド）という島の周辺が最も好漁場とされていたが、今は乱獲がたたってあまり獲れないので、黒山島産のエイは大変高価になってしまったという。そのため、木浦で多く食べられているのは大半がインドネシアやフィリピンからの輸入ものである。それにしてもこのエイの発酵物の値段は非常に高価で、大体一キログラム当たり十五万から二十万ウォン、日本円で一万二千円から一万六千円もする。一尾が一〇キログラムもある大型エイもいるので、一尾丸ごと買ったら大変な出費だ。ところが、木浦の人たちは大枚を払ってでも祝儀や来客のときにはこれを出す。何せ、このホンオ料理の出る量によって、その宴の格式が決まるといわれているので、そうなればみんな目の色を変えて見栄を張り合うことになるのである。

「金メダル食堂」は韓国全羅南道木浦市にあるホンオ料理専門店。その店の女主人は「ミセス・ホンオ」と呼ばれるほどホンオ料理の達人である。

木浦市内の料理屋では、ホンオ料理を出してくれる店が何軒かあり、そういう店に行くと、メニューに大概「フクサンド・ホン・タク」というのがある。「フクサンド」はエイの好漁場黒山島のこと、「ホン」はホンオの頭文字、「タク」は濁酒のことで、従って「本場黒山島産のホンオと地酒のセット」といった意味である。その木浦市内では「金メダル食堂」という店が最もホンオ料理の有名なところで、ここの女主人は全羅南道中に知られた有名女将である。とにかく愉快な人で、ホンオ料理をしている最中でも丸い鼻メガネをかけて愛嬌を振りまき、客を笑わせてくれる。

さて、いよいよそのホンオ料理の味と臭みのことである。実は奇食にかけては百戦錬磨の私でさえ、初めて口にしたときには、そのあまりの激烈さに仰天し、この世のものかと疑ったほどであった。そのもの凄い臭みとは、例のアンモニア臭で、とにかくこれが壮絶である。ホンオ・フェを口に入れて二、三秒後、呼吸して鼻から空気が入った瞬間、ガクーンときて、クラクラと眩暈がして立ちくらみを覚えたのである。とにかくその辺りのアンモニア臭など問題ではなく、サメ（鮫）の煮付けや古くなった納豆などからのアンモニアなどてんで問題にならない。昔、小学校の便所は汲取式で、便壺にはいっぱい糞尿が溜まっていて、そのためアンモニアの臭気が籠もって、咽せったり涙が出たりしたことを覚えているが、それなんかもまだまだ足元にも及ばない。ともかくエイを漬け込んでいた甕の蓋を開け、重石を取って、中からホンオを取り出した瞬間から、もう私を含めて周りにいた人の目から涙がポロポロと出てきて止まらない。昭和三十年五月、「月はとっても青いから」でヒットを出した歌謡曲の歌手菅原都々子さんは、同年七月に「木浦の涙」を歌ってこれもヒットした。歌の台詞にホンオが登場するわけではなく、愛する人と涙の別れを木浦でするという歌なので、偶然とはこのことを言うのであろう。

## 百人のうち九八人は気絶寸前、二人は死亡寸前

いよいよくらくらしながら口に入ったホンオ・フェを噛む。すると噛んでいるうちに口の中は熱くなってくる。これはきっとアンモニア（$NH_3$）が唾液中の水に溶けて水酸化アンモニウム（$NH_4 \cdot OH$）に変化するときの反応熱によるのであろう。次に勇気を奮い立たせて、思いきり深呼吸してみた。すると突然目の前がパーッと明るくなって、それが緑色に変わり、直ぐに暗くなって、一瞬だけれども意識が朦朧とした。味は、はじめのうちは美味いのか不味いのかよくわからなかったが、そのうちにエイ特有の淡泊なうま味がしてきて、それが次に甘みに変わってそこにコチュジャンの辛みやニンニクやネギの甘辛みなどが重なってきて妙であった。

初めて木浦に行ってこのホンオ料理に出合った時には、三日間にわたって「金メダル食堂」や黒山島まで行って食べまくった。すると最後の三日目ごろになると、やっとホンオ料理の真味といったものが少しわかってきたような気がした。ところで、このホンオ料理に最も似合った酒はやはりマッカリであった。どの料理にも自家製のマッカリがあり、この強烈なほどの肴を押さえ込むにはこの酒以外にあるまい、と私は思った。互いに相性が合うのは、マッカリは御存知のよ

うに酸味のかなり強い甘酸っぱい酒であるのに対し、逆にホンオはアルカリ性のアンモニアを多含する肴であるので、互いが中和し合ってマイルドにさせているためなのであろう。

　ところで私は、このホンオ・フェを口に入れて嚙み、深呼吸してその吐息を鼻の孔（あな）から出し、その時日本から持って行った簡易pH試験紙をその孔の前に近づけてみた。すると、何と驚いたことか、そのpH試験紙は瞬時にして濃紺色に変色してしまったのだ。この色が濃いほどアルカリ度、つまりホンオの場合はアンモニアの量が多いことになるので、やはりこの食べものは只者（ただもの）ではないなあ、と思った。私はこの木浦にいるとき、三つの結婚式を取材させてもらったが、いずれの祝宴でもホンオ・フェは重要な食べもので、老若男女、好んでこれを食べていた。特に私が興味を引かれたのは、この発酵エイを若い女性たちがパクパクと食べていたことである。宴会場のあちこちで彼女たちにホンオ料理は好きかどうかを聞いてみると、「大好きです」と答えながら、涙をポロポロと流して嬉しそうに食べていた。その辺りが日本の若者たちとはかなり違うような気がした。キムチを代表に、さまざまな伝統的韓国料理を今もしっかりと食べているこの国の若者たちは、食の文化もしっかりと守り続けているんだなあと思った。

　さて、韓国のある料理ガイドブックには、このホンオ料理のことが次のように大袈裟（おおげさ）に紹介してあった。「黒山島産のホンオの刺身を一〇〇人の人が食べたとする。全員が口に入れ、それを嚙みながら深呼吸をすると、九八人は気絶寸前となり、二人は死亡寸前となる」

## やる気満々の鮓

日本の国内でも臭い発酵魚を求めてずいぶんと歩き回り、嗅いで回ってきた。鯖街道で有名な滋賀県朽木村（今は高島市に併合）では、朽木村（当時）商工会主催の「朽木村鯖鮓品評会」の審査長に招かれたことがある。朽木村の家々では、江戸時代から鯖の熟鮓をつくってきて、今もその伝統を守っている。その家庭でつくる鯖鮓の品評会なのである。その朽木村の人たちのつくる鯖鮓は「本熟鮓」あるいは「腐れ鮓」といって、長期間発酵させる本格的な鮓で、一般的につくられている早熟鮓とは全く異なる本格的な、やる気満々の鮓なのである。一年間も発酵させた強烈な臭みを持つ熟鮓を、村の人たちが持ち込んできたのは全部で一七〇点。これを朝から晩まで一品一品匂いを嗅ぎ、口に入れて味を見、そして点数をつけなければならないのだから大変だった。なにぶんにも、朽木村の鯖鮓は強者ばかりなので、そのうちに私の白衣や髪の毛、手、顔にまでその匂いが染み込んできて、鯖鮓と私は一体どっちが本熟鮓なのか区別がつかなくなってしまうほどだった。

　高知県の朝市に出てくる鯖熟鮓も嗅ぎに行って食べたけれども、ここのものはどれもが上品で比較的穏やかなものばかりであった。だが、本熟鮓の旅の中で、最も強烈な臭みを誇っていたのは、朽木村のものではなく紀州（和歌山）のものであった。あの朽木村の曲者を凌ぐほどなのだから驚きだ。紀州の本熟鮓では鯖と秋刀魚を使うのであるが、どちらかというと鯖の方が臭さは強い。湯浅、有田、新宮をはじめ昔から紀州人の好む発酵食品である。

紀州に御坊市というところがあり、そこでは見事な臭みを持った美味しい本熟れの鯖鮓に出合った。「八ッ房」という老舗で、「本なれ鯖一尾（大）」や「本なれ鯖片身」、「早なれ鯖一尾（大）」、「早なれ鯖片身」といった鮓が、眩しいほどの緑色の笹の葉に包まれて売られていた。店内でも食べることができるというので、本熟れを切り分けてもらい、まず匂いを嗅ぐと、上品な臭さがぐっと鼻孔を襲ってきて、それを口に含んでムシャムシャと噛むと、飯はネチャネチャ、鯖はトロリ、シコリと歯や舌に応え、そこから鯖特有の濃厚なうま味と発酵によってもたらされた酸味、飯からの甘みなどがジュルジュルピュルピュルと湧き出てきて、それを鯖の脂肪からのペナペナとしたコクが囃し立てるものだから実に秀逸であった。この間、ずっと鼻孔からは紀州本熟れ鮓の本髄たるべく風格のある臭みがプップップッと抜けてきて、さすが伝統の発酵食品だと思った。

## 枕にして寝たいほどのクサヤ

臭い食べものは数々あれど、臭いことがそのまま食べものの名前になってしまったのが、伊豆諸島名産のクサヤである。匂いがとても臭いので「くさいや、くさいや」がそのまま「くさや」になった。そのクサヤは私の好物中の大好物で、クサヤが手に入った日にゃ枕にして寝たいほどの溺愛ぶりである。あの熟しきった妖艶な匂い、そして奥深い味わいには一種の魔性が潜んでいて、私を虜にしてしまうのだ。一体、どのような仕組みであのような絶妙な臭みとうま味が生まれてくるのか。まさに魅力的な女性と出会ったときのごとく、すべてを知りたくなって新島、八丈島、三宅島、大島へクサヤ行脚の旅を何度も繰り返してきた。

初めて行ったのは今から三十年も前の新島のことである。竹芝桟橋から東海汽船の大島・新島経由三宅島行の最終連絡定期便に乗ると、翌朝早く新島に着く。港の脇にある波被りの天然露天風呂に入って待っていると、前田哲男さんが迎えに来てくれた。前田家は江戸中期にクサヤを最初につくったといわれる前田徳兵衛翁の直系に当たるという。以下に、私がクサヤの調査でわかったことなどについて述べることにする。

クサヤはクサヤモロやムロアジ、マアジ、サバ、トビウオなどの青魚を主原料とし、一番多いのがクサヤモロである。原料魚は鮮度のいいうちに腹開きにして内臓、エラ、血合いを除き、樽の中で二～三回水洗いした後、長年発酵させてきた漬け汁に数時間漬けてから簀子に並べ、日干しする。これを幾度となく繰り返し、べっ甲色に仕上げていくのだが、その過程で特有の芳しい匂いと絶妙のうま味とが生まれるのである。漬け汁は、長年使い古されたものほどすばらしいクサヤができるといわれる。そのため、中には今から三五〇年前に使われていた汁を、減った分は塩水を足しながら発酵させ、継代にわたり使い続けている加工所もある。その漬け汁は茶色っぽい色をしていて、その液を舐めさせてもらうと、塩辛さはほとんどなく、濃厚なうまさの中に上品な甘みもあり、また切れ味も鋭い。魚の生臭みは全くなく、熟成した風格さえ感じさせて、まさに臭みの王様のように感じた。

クサヤのこうした製法は、島民の知恵から生まれたものであった。黒潮海流の流れる伊豆諸島の近海は、青魚の好漁場で、干物づくりに適した砂地も干場も広がっている。これを生かして、江戸時代には上質の塩干し魚をつくって江戸へ送っていた。ところが、そのうちに干物づくりに欠かせない塩の入手が困難になってきた。それは、この地方は幕府の貢納品として塩を江戸に送っていたが、江戸に人口が増えるとその取り立てが年々厳しくなってきたため、自分たちが使う塩まで持って行かれてしまう。そこで苦肉の策として、半切桶と呼ばれる底の浅い桶に海水を入れ、その海水に開いた魚を浸し、天日に干すことを繰り返すことで、魚には塩分が十分に染み渡る。これを考え出したのが前田徳兵衛翁だとされているのである。

その汁はしばらくすると発酵してきて、異様な匂いを放ち始めた。塩干し魚にこんな匂いが付いてしまったので島民は心配したが、その味のすばらしさには捨てがたいものがあった。それはその筈で、開いた魚を塩を含む海水に何百匹と浸していくのであるから、溶け出した魚のうま味がその干物に付くのは当然である。そこで、臭みが付いたがうま味も倍加した干物を試しに江戸に送ってみたところ、たちまちにして江戸の好事家たちの口に上り、食通の間でも大変珍重されるようになった。そのうちに通常の塩干し魚とは比較にならない高値で取引されるようになったのである。

クサヤの漬け汁の発酵に主として関わっているのはクサヤ菌として知られるコリネバクテリウムで、この菌のほかにシュードモナス菌やモナキセラ菌も活躍している。あの臭みの成分は酪酸、プロピオン酸、吉草酸、アンモニア、揮発性硫黄化合物で、発酵菌によってつくられる。あんなに凄い匂いなので、食べても大丈夫か、という人も中にはいるかもしれないが、その点は科学的に証明されていて、クサヤの漬け汁やクサヤそのものには病原性大腸菌、サルモネラ菌、腸ビブリオ菌、黄異ブドウ状菌といった食中毒菌は一切含まれていないことがわかった。これは、クサヤの漬け汁にそれらの菌を接種しても、いずれの菌も増殖不可能だったためで、そのためクサヤ汁には天然の抗菌性物質が含まれていることがわかったのである。クサヤが、それほど塩分を含んでいないのに、ふつうの干物より長期間保存ができるのも、発酵菌の生み出した抗菌物質のおかげなのである。また、アレルギー様食中毒の原因物質であるヒスタミンのような腐敗産物もまったく含まれていない。つまりクサヤは、腐敗ではなく発酵なのである。

クサヤは焼き方で美味しさが大きく左右されるから、焼くときは油断大敵で気を抜いてはならない。必ず皮の付いている背側をさっと先に焼く。遠火の強火でうっすらと焼き色がついたところで引っくり返し、内側の方はほんのちょっぴりさっと焼く。くれぐれも焼き過ぎには注意しなければならない。クサヤは干し魚の中では極めて洗練された乾燥状態にあり、ちょっとの強火でもうっかりしているとたちまち焦げつき、気付いたときには煎餅のようにパリパリになってしまうからである。背側の表面がまだ熱いうちに、むしって食うのが一等賞の味で、余って冷めたものは細切りにしておき、お茶漬けにすればこれがまたうまい。

## 第 15 章

# 「悠久の発酵食品」という浪漫

発酵すると腐りにくくなるので、冷蔵庫のなかった時代は発酵させて保存した。煮た大豆は直ぐ腐るが、納豆にすればかなりもつ。牛乳も直ぐ腐るが、ヨーグルトやチーズにすると腐りにくいことなどはその例である。私はグルジア（今はジョージア）でナポレオン戦争時代につくられたチーズに出合ったことがある。写真は中国のコイ（鯉）の熟鮓で、つくって40年経ったものであるが、あたかもまだ生きているかのような姿をしている。これを薄く切って食べてみると、その風味は硬質のチーズに酷似していた。日本の和歌山県新宮市の料理屋では、今も30年間発酵したサンマの熟鮓がある。かくも発酵食品は悠久の浪漫を持った知恵の食べものなのである。

## ナポレオン戦争時につくられたチーズ

私はこれまで、食べものの調査、とりわけ発酵食品や酒の調査で世界中を回ってきた。東アジア、東南アジア、西アジア、アフリカ、中東、オセアニア、ヨーロッパ、アメリカ、カナダ、南米、ロシアなど大概は行った。なぜそんなに行ったのかというと、大学で教鞭を執っていたときの私の研究テーマのひとつは「食と民族―とりわけ世界の発酵食品―」、そして国立民族学博物館での共同研究員のときのテーマは「酒と民族」だったからである。約四〇年間、この二系統の研究を行ってきたのであるから、日本国内にじっとしているわけにはいかない。その行く先々では驚きと感動の連続で、そこには新しい発見や知見が山ほどあった。これから述べるのは、これまでの旅行の中で出合った、何十年、何百年という長期間発酵と熟成を施した「悠久の食べもの」についての話である。

まずは私が出合った一八〇年前のチーズの話をしよう。今から二〇年も前のことである。私を含む五人（通訳一人を含む）の仲間は、トルコのアンカラからジープで陸路カイセリー、シバス、エルズルムを経由して、国境を越え今はジョージアと国名が変わったグルジアに入った。何もオスマントルコと十字軍の足跡を辿る旅などではなく、その目的はワインについて調べることであ

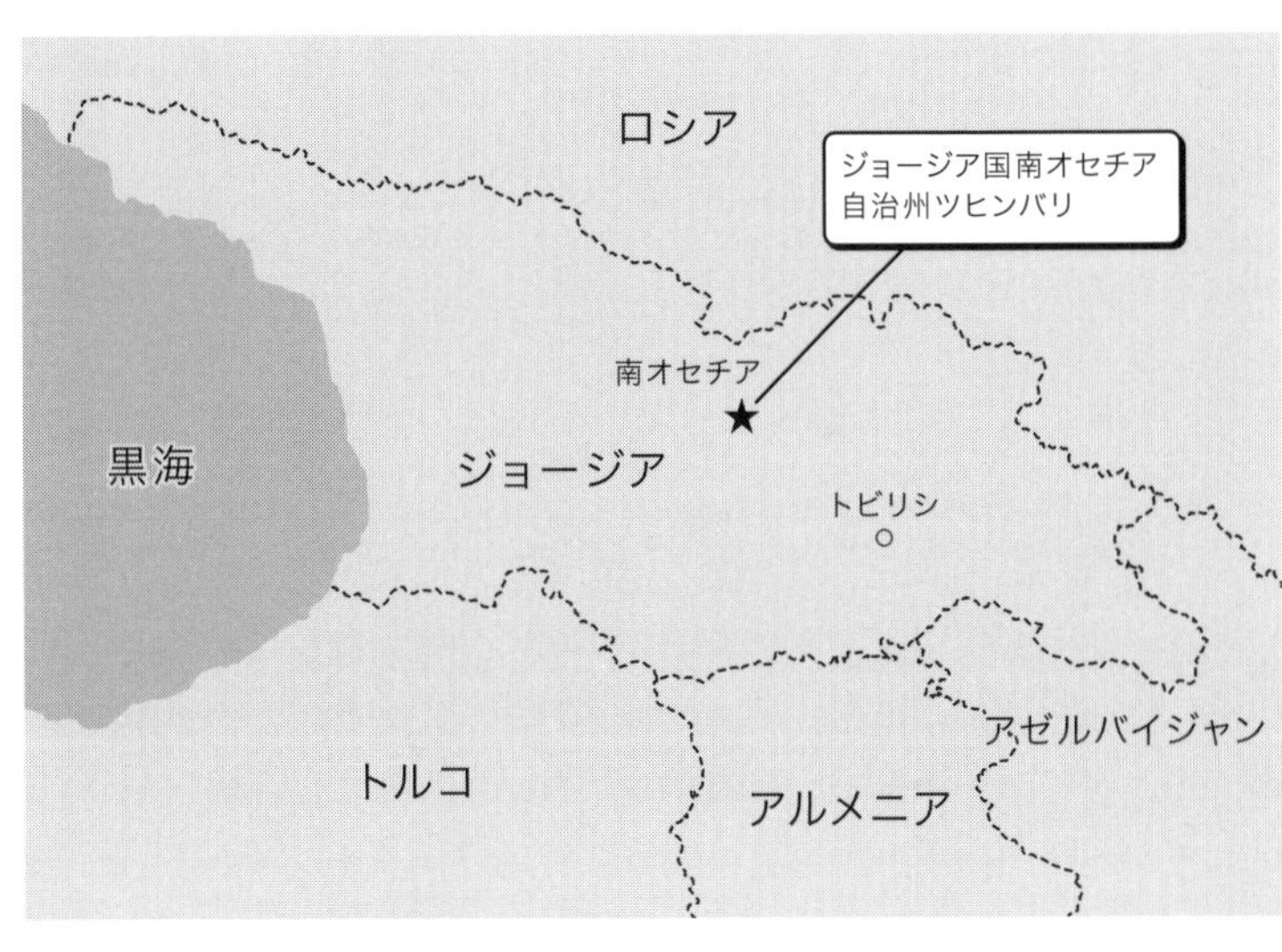


った。グルジアの南オセチア地方は、この地球上で最初にワインがつくられたという古い記録が残っており、世界中の学者たちがその発祥の地だと認めているところなのである。そこには昔ながらのぶどうの栽培法や仕込みの方法、発酵と熟成のやり方など古い醸造法が残っており、ぜひ一度見ておきたいと思っていたのである。

アンカラから出発して、途中の街エルズルムにあるアタチュルク大学図書館で三日ほど調べものをし、遠く右手にアララット山を見ながら二〇〇〇メートル近い高地の道路を北に進んだ。そして国境を越えグルジアに入った。そこからは首都トビリシまで約二〇〇キロメートル、そこから目的地の南オセチアのツヒンバリまで一〇〇キロメートルである。その間、私たちは幾つかの農家を訪ね歩いた。なぜかというと、ワインはそれぞれの農家がぶどう畑を持っていてそこでぶどうを栽培し、それを自分の家で発酵させてワインをつくっているのである。つまりあの辺りのワインは農家の自家醸造ということになる。彼らは家の土間に大きな甕を埋めて、その中にぶどう果汁を入れて発酵させるのである。

さて、話はここからである。どの農家でも牛を二頭から三頭飼っていて、また山羊も何頭か飼っている。それで乳を搾って自家製チーズをつくり、街に持って行って市場で売るのである。そのような典型的なグルジア農家を訪ねたときのことだ。そこの農家の主人は、ワインの話などそっちのけにして、私たちにチーズの売り込みを始めたのである。

「チーズに興味あるかね？　実はこの家の隣が俺のチーズ蔵なんだが、いろいろなチーズが寝かせてある。見てみるかい？」

と言う。勿論私たちは発酵学を専門にしているので、チーズも研究テーマのひとつである。

「それはすばらしい。ぜひ見せて欲しい」

と返事すると、主人はそのチーズ蔵に案内してくれた。チーズ蔵といってもやや大きめの納屋のようなもので、そこへ入ると一階には麦やじゃが芋、玉ネギ、トウガラシ、ニンニク、カボチャなどが置いてあり穀物倉庫といった風である。階段を上って二階に行くと、そこには木の箱がずいぶんと置いてあって確かにチーズ蔵の様相だ。

「この箱に入っているチーズは街に出荷するものだ。今はここで少しの間寝かせてあるのさ」

と主人は言ってから、さらに奥の方に案内してくれ、やや大きな冷蔵庫の前に来ると、

「食べてみるかい？　いい味してるよ」

　と言うので勿論、と返事すると、冷蔵庫からカッテージチーズを出してきて、ナイフで切って渡してくれた。食べてみると確かに美味い。

「もし土産に買って行くならこれがいいな、これは日持ちもいいし……」

　と言って大きな餅のような、円盤形の白いチーズを出してきた。もう商売の始まりだ。

「スルグニというチーズだよ。削って料理用に使うといい」

　と言う。持ってみるとズシリと重い。

　私は、

「日本まで持って帰れないのでいらないです」

　と言うと、残念な顔をしていた。そしてまた、

「この村で一番古い山羊の乳でつくったチーズがある。見てみるかね」

　と言う。勿論、見る、見る、見せてと返事すると、一番奥に樫樽のようなものが二つ置いてあり、そのうちのひと樽の内蓋を開け、中からチーズを一個取り出した。そのチーズを見てギョッとした。それは黒い球状のチーズで、大きさは硬式野球ボールよりひと回り小さくしたぐらいであった。主人は村一番古いチーズと言っていたので、

「そのチーズはいつつくられたのですか」

　と聞くと、

「ナポレオン戦争の時だよ」

と言うのである。というと今から二〇〇年以上前のことである。

「今この樽の中に八七個あるんだ」

私は、

「ナポレオン戦争のときつくられたってなぜわかるのですか」

と聞くと、

「儂（わし）の父親が祖父から引き継ぎ、その祖父は曽祖父（そうそふ）から引き継いだもので、その書き置きが残っているよ」

と言うのである。この話を聞き、ナポレオン戦争時につくられたというチーズを目の前にして私は感動した。

そのチーズを持たせてもらうとガッチリしていてとても重く、二〇〇年も経っているのに虫喰いの跡はひとつも無い。表面全体が黒くなっているのは、長い間空気と接触していて酸化変色をしたのであろう。こんなチャンスはなかなかないぞと思って、

「このチーズを研究したいので分けてくださいませんか？　お金はあなたの言う通りに支払います。」

と言うと、主人はとたんに嬉しそうな顔になり、二個売ってくれることになった。それが二個で八〇ラリ、日本円で一個二〇〇〇円であった。

私たちはその日の夜、泊まるホテルの庭にあった石の上にナポレオン戦争時代につくられたチーズを一個置いて、借りてきたハンマーで叩き割ってみた。ゴツンと割ったらぐずぐずと崩れてチーズの中は美しい飴色であった。驚いたことに、よほどカチコチに固まって堅かったのであろう。割れ口の表面は黒曜石を割ったようにテカテカに光沢していて、その先端が鋭利な剃刀の刃先のようになっていた。

崩れてきたチーズの小塊を一片口に入れて食べてみると、いやはやまたまたびっくり仰天。チーズが口中で溶けてきたと思ったら、とたんにもの凄く塩っぱい味が襲ってきたのである。あまりの塩っぱさにとてもチーズの味どころの騒ぎではなくなった。それにしてもここでひとつの疑問が出てきた。これほど塩を加えたのでは山羊の乳を発酵させるとき、おそらく乳酸菌は活動できなかったのではなかろうか、ということである。ところがこの疑問、そしてなぜそんなに塩を加える必要があったのかという疑問は、直ぐに解決されたのである。

それはトビリシの郊外にあるグルジア農業大学を訪ね、畜産学部のギオルギ・ジャネリゼ教授を訪ねて教えてもらったのである。その塩っぱいチーズは、戦争という非常事態下でいざという時に持って逃げられる保存用としてつくられたチーズで、塩がないと人間は生きていけないのでチーズで塩を固めたものだという。こうするとチーズには豊富なタンパク質や脂肪が含まれているので、栄養補給にも役立つ。食べるときはこれを必要なだけ削り取って料理の塩味付けにするという。また、乳酸菌の疑問だけれど、これは一度通常の方法でチーズをつくった後にそれをほぐして塩と混ぜ、頑強に練り固めたものだということだった。

## 三九年ものの鯉の熟鮓

次は、私が出合った悠久の熟鮓（なれずし）の話をしよう。

熟鮓は魚介を飯（めし）と共に重石で圧し、長い日数をかけ、乳酸菌を主体とした微生物で発酵させたもので、近江（おうみ）（滋賀県）の鮒鮓（ふなずし）や紀州（和歌山県）の秋刀魚や鯖（さば）の熟鮓に代表される。その原型は中国や東南アジアにあり、日本には飛鳥時代に中国から流入してきたと考えられている。私はこの熟鮓の調査のために中国南部の雲南省やタイ、ベトナム、カンボジア、ミャンマー、ラオスなどのメコン川流域民族およびヒマラヤ山麓民族などを訪れ、熟鮓文化を見てきた。そこでは鮓（すし）が今でも非常に大切につくられ、食べられていることは、興味深いことである。これはいつも魚介の獲れる海辺の人たちと違って、山では川魚や肉を永く保存しなければならず、その必要から生まれた知恵なのである。

その熟鮓のつくり方であるが、日本の熟鮓の代表格である近江の鮒鮓の場合、四、五月ごろの産卵前のニゴロブナを塩で漬け込み、それを七月土用に鮓桶に鮒と飯を交互に重ねて詰め込んで本漬けとし、強く重石をして発酵させ、正月ごろから食卓に供する。鮒のほかにアマゴ、モロコ、ハヤ、オイカワ、アユなどでも熟鮓をつくることがある。漬け込んでいる間にまず乳酸菌が飯に作用して乳酸をつくり、飯と鮒を酢っぱくしてpH（水素イオン指数）を下げ、防腐効果を保持させる。このとき、鮒のタンパク質の一部が分解されてうま味成分のアミノ酸が増える。じっくりと発酵させて出来上がった鮒鮓に包丁を入れて適宜の厚さに切り、やや紅色がかった黄金の卵巣を肉身と共に酒の肴にしたり飯と共に茶漬けにすると、その美味さに味覚極楽を悟らされる。

さて、私が出合った悠久の熟鮓といえば、中国の奥地の村で出合った三九年ものの鯉の熟鮓は極め付きであった。NHK衛星放送の「すばらしき地球の旅」でその熟鮓を放送したところ、大きな反響となった。悠久の熟鮓に出合ったのは中国広西壮（チワン）族自治区三江県程陽村で、魚は淡水魚の王様の鯉である。では、一体どうしてその鯉の熟鮓が三九年前のものとわかるかというと、それにはしっかりとした証拠があるのである。実はこの村の村長の家の食事風景を取材していたとき、村長の長男もそこに居り、「古い熟鮓があるから見てみるか？」と言う。私はぜひ見たいといい、一体いつ頃つくられたものかと聞くと、「三九年前のものだ」と平然という。私は驚いて本当に三九年前の熟鮓かと確認したら、そこに居た父親も母親も「間違いなく三九年前だよ。だってこいつの年は今、三九歳。こいつが生まれた年に、その記念に漬け込んだのだ」という。もうこれは間違いないということになったのである。

さらに話を聞いてみると、この地方では子供、特にその家を継ぐ長男が誕生すると、近所の人や親戚が生きた鯉を祝いに持って来るのだという。昔の日本では鯉幟（こいのぼり）を持ってきたように。ところが村長の家で長男が誕生するとなると、村人たちは活きのよい鯉を持って祝いに来るので百尾を超す鯉が集まる。生きているので早く処理するしかないが、彼らには昔から熟鮓にして保存する方法があり、漬け込んだというわけである。そしてその熟鮓はそれからの人生の節目節目、例えば成人式とか結婚した時とか、子供が生まれたとか結婚記念日だとかの人生儀礼の節目節目に、それを漬け込んでいた甕から出してきて祝いの席で食べるのだということである。

## 今にも泳ぎ出しそうな姿

では早速見せてもらいましょうということになり、長男に案内されて台所の隅の暗い部屋に行くと、そこには大小幾つもの甕が所狭しと置いてある。聞いてみるとこの部屋は、熟鮓のほか味噌、醬油、酒、漬け物などをつくったり保存しておく「発酵の間(ま)」のようなところだった。その中で一番大きい甕の蓋を取り、そこに手を突っ込んで大きなのを一尾抜き出してきた。その甕の中を懐中電灯で照らしてみると、まだかなりの数の鯉がゴロゴロ漬け込まれていた。取り出してきた一匹は飴色で、生きている姿のまま鮓になっていて、まるで今にも泳ぎ出しそうにリアルに仕上がっていた。私はその鯉の熟鮓を写真に収めて今でも大切に持っている。その鯉の熟鮓のつくり方は、日本とほぼ同じで飯と共に発酵させていた。それにしても、三九年間も発酵と熟成がなされているのに、原形をそのまま残しているのには驚いた。一般に海の魚より淡水系の魚の方が骨格や鱗はしっかりしているそうなので、きっとそのためなのかもしれない。その三九年経った鯉の熟鮓を薄く切って食べてみたところ、それは硬質のチーズの風味に酷似していて美味であった。

## 日本にも三〇年もののサンマの熟鮓が

実は日本にも三〇年ものの「サンマの熟鮓」が和歌山県新宮市にある。市内横町の「東宝茶屋」という古い料亭で、私は南紀に行くときには大概その店に寄って、それを肴に地酒を楽しんでくる。そんなことで主人の松原郁生さんとは旧知である。不思議なことに、この店のサンマの熟鮓を肴にして日本酒の燗酒をいただくと、酒はどんどん胃袋にすっ飛んで入ってしまう。その三〇年ものの熟鮓は、サンマの身も鰭(ひれ)も骨も飯もすっかりと溶けてしまってドロドロの状態で、ちょうどソフトヨーグルトに形も味も似ている。食べると口の中にマイルドなうま味と酸味が広がり、鼻孔からは熟鮓特有の重厚で奥深い発酵臭が抜けてくる。

私はあるとき、東宝茶屋からの帰りに、小さな壺に入っているサンマの熟鮓三〇年ものを土産に買って帰り、それを大学の研究室に持って行った。それを発酵学を専攻している大学院生数人に、何も言わず、見せずに目を瞑(つぶ)らせ、口を開かせてから、スプーンで掬いとった熟鮓をそこに入れて味わってもらった。そして「今何を食べたと思うか？」と聞いたところ、皆が口を揃えて「ヨーグルトです」と答えるのであった。実は動物の乳を使ってつくるヨーグルトもチーズも、サンマと同じく動物性タンパク質であり、そして、それを発酵させるのは共に乳酸菌であるので、これだけ長期間発酵と熟成を行うと、その終着駅ではほとんど同じものになってしまうということである。

第 16 章

# 「発酵豆腐」という出色

豆腐を発酵させて、美味しく、そして巧みに料理して食べてしまうのは中国である。日本が発酵王国だと言っても、この豆腐の分野では足元にも及ばない。カビで発酵させてカマンベールチーズのようなものもつくるし、特殊な細菌で発酵させて強烈な臭みを付けたものもあるし、油で揚げると俄然食欲をそそってくる発酵豆腐もある。写真は中国の貴州省凱里市の自由市場で発酵トウガラシ（左の四角い箱に入っているもの）を調査しているとき、付いていた箆でそれをかき混ぜていると、何かゴロゴロと当たるものがあり、一体何だろうと掘り出してみると、何とそれは小さく切った豆腐であった。すなわち発酵トウガラシの中で発酵させる発酵豆腐。頭がいい。

## 「東洋のチーズ」と呼ばれる豆腐

「豆腐」は大豆を煮てつくった豆乳に苦汁（にがり）を加えて凝固させた、植物性タンパク質に富む滋養食品である。自然食品として昔から重宝されてきた食べもので、勿論微生物による発酵作用は全く受けていないので発酵食品ではない。では発酵した豆腐はないのかというと、実は幾つもある。これから述べるのは、私がその発酵豆腐を求めてあちこちを旅してきた話である。

豆腐は奈良時代に中国から伝わったもので、中国語では「腐」というのは「腐（くさ）る」という意味と同時に「柔らかくブヨブヨしたもの」といった意味も持つ。従って、豆がそのような状態になったのだから「豆腐」なのである。その豆腐の発祥地である中国には、さまざまな発酵豆腐が今に伝わっているが、中でもその代表的なものが「腐乳（フウルウ）」である。この豆腐は古くから中国でつくられ、今でも中国全土でつくられて食べられているので、私はあちこちで賞味してきた。その製法はなかなか手がかかるものだけれども、中国の人たちは大好物なので心を込めてつくっている。

まず豆乳（大豆を水に浸して擂（す）り潰し、水を加えて煮た汁）に苦汁を加えて寄せ固めたものを木綿布に包んで圧搾し、できるだけ水分を除いてから適宜の大きさに切り、蒸籠（せいろ）状の箱に入れ、稲ワラを敷いた土間に積み重ねておく。一週間もすると豆腐の表面にカビが密生してくるから、これを二

○パーセントの塩水に漬けて凝固を強化し、表面のカビを落とす。次にそれを甕（かめ）に入れ、それに白酒（パイチュウ）（日本でいう焼酎）を少し振りかけてから、竹の皮と縄で甕の蓋を封じ、その甕を土に埋めて、一ヶ月から二ヶ月間置いて発酵と熟成をさせる。

この間、甕の中では主として乳酸菌や酪酸菌の発酵が起こり、豆腐にうま味と酸味そして特有の匂いを付ける。味はマイルドでコクがあり、まさにカマンベールチーズとクリームチーズを合わせたようなクリーミーな食べものとなる。従ってこの腐乳には「東洋のチーズ」という雅称もつけられている。しかし匂いはかなり強（きつ）く、慣れるまでには少し時間を要するであろう。中国ではこの腐乳を「酥腐（スウフウ）」とも言う、と書いた日本の本を見たことがあるが、酥腐は硬めにつくった豆腐に毛カビをつけ、二五度で三日間培養してカビ豆腐をつくり、これに軽く塩をしてから米酒(ピイチユウ)、紅酒(アンチユウ)、穀(グウ)醤(ジャン)などを加えて二年間発酵と熟成させたものであるので、ややニュアンスが異なるものである。

## 一一〇〇キロメートルの鉄道の旅

四川(スーチユワン)省の省都である成都(チヨントウ)市は巨大都市のひとつであるが、その裏通りにある食堂で白酒をガブガブ飲み、最後に粥(かゆ)の上に腐乳をのせたのを注文して食ったときの美味しさは格別だった。私はそのとき、この発酵豆腐は確かに東洋のカマンベールチーズと称しても間違いではないな、と確信したほどである。まっとり、ねっとりとし、重厚なコクとクリーミーさがカマンベールチーズと重なってしまい、心酔してしまったのだ。その成都から雲南(ユンナン)省の省都昆明(クンミン)市までは飛行機だとたったの一時間四五分で行ってしまうが、私は敢えて全長一一〇〇キロメートルに及ぶ成昆鉄道で行くことにした。そしてその列車の旅は感動の連続であった。景色は絶景に次ぐ絶景で、何重ものループ線で山脈を越えていく。とにかく驚くほどの山岳丘陵列車なので、トンネルの数は四二七本、鉄橋は九九一本、そのトンネルの総延長は三四五キロメートル、橋梁は一〇六キロと列車内の冊子に書いてあった。途中一二二ある駅のうち四一駅がトンネル内または橋上に建設されているという。

どんどん変化する車窓のランドスケープ。そして何よりも楽しかったのは多民族国家中国を象徴するかのように、窓越しに見えるさまざまな民族衣装や家々の様子であった。沿線にはイ族、チベット族、ペー族、タイ族、リス族などが生活しているので、それぞれの民族の生活の様子がパノラマのように車窓に映り去っていく。川で水牛を遊ばせている少女、騾馬（らば）に牽（ひ）かせた荷車に寝そべる半ズボンの少年、頭にカラフルなスカーフのようなものを被って畑で野菜を収穫しているお婆ちゃん、アヒルの親子を棒を使って移動させている煙草をくわえたおっちゃん等々、楽しさと面白さの連続であった。遠くに見えた峨眉（がび）山の雄姿も印象的で、とにかくこの車中泊の長距離列車の旅は、寝る時間ももったいないほど魅力的なものであった。

## 発酵食品の源流・景洪市

こうして雲南省の省都昆明市に着いた。街はさすが大都市で繁華街が多く、巨大でカラフルな民族衣装を着た少数民族が行き交う活気ある街であった。昆明市に二日間滞在したあと、飛行機で同じ雲南省の思茅（スーマオ）に向かった。海抜二〇〇〇メートルの昆明から約一時間、海抜一五〇〇メートルの街である。ここは、日本でも有名な普洱茶（プーアルチャ）の主産地である。この茶も発酵茶なので、茶畑や製茶工場を見るために三日間滞在、そして次の目的地である景洪（チンホイ）に車で向かった。五時間で着いたが、雲南省は稲作地帯であるので、途中水田が多く長閑（のどか）な風景が続いた。

景洪市は雲南省西双版納（シーサンパンナ）傣（タイ）族自治州の州都で、人口三八万人の街である。私はこの景洪市には過去二度行ったが、それはこの地方にはさまざまな発酵食品が昔からあり、その調査のためだったのである。日本と同じ糸引き納豆があり、醤油、味噌、熟鮓や塩辛、穀酢、発酵茶などいろいろあった。しかしその時は発酵豆腐の存在は知っていたものの、詳しく調べる時間がなく、いずれ次の機会にしようと保留していたことなのであった。その景洪市内には大河メコン川が南流している。中国内ではメコン川とは言わず瀾滄江（ランツァンコウ）と言っており、景洪市はミャンマーと国境を接しているので、川が景洪市を越えてミャンマーに入ったところからメコン川と呼ぶのである。景洪市がなぜ発酵食品の源流のようなところかというと、チベット高原から流れてくる瀾滄江の上流部には多くの塩湖があり、そこで大量の塩が採れ、その塩が船で輸送されてきて、味噌や醤油、熟鮓などに使われるからである。その上、西双版納地方は米と大豆の一大産地であり、さらに瀾滄江には大小さまざまな魚が群れており、海老やカニなども多く、発酵食品の原料となるものが豊かであるからである。

それでは街に出て発酵豆腐を探ることにしようと、景洪市自由市場に行った。中国で食材や食べものを捜すには、自由市場に行けばほとんどのものは手に入る。そこで捜す発酵豆腐は「毛豆腐（マオトウフウ）」というこの地方特有の珍しい豆腐である。ごった返す賑わいの市場を歩いていると、間口の広い食料品専門店があった。そこで「毛豆腐はある？」と聞くと、「あるよ」と言って置いてある場所へ案内してくれた。それを見て私はギョッとした。座布団ぐらいの大きさの底の浅い木箱に、カビがびっしりと生えた豆腐がゴロゴロと置かれている。日本の豆腐一丁を四個に切り分けたほどの大きさで、全面に真っ白いカビが生えている。そのカビの生え方がまた凄い迫力で、菌糸がフワフワと密生し、それが綿のようになって全体を包み込んでいるのである。おそらくそれを見たら、大概の日本人は躊躇するに違いない。

その箱の脇には「毛豆腐　二元」と書いた紙切れが置いてあった。一個二元、日本円で約三十円である。その豆腐を見て、生えているカビは「毛カビ」類に属するものであることは直ぐにわかった。アジアにあるカビでつくる発酵食品では、日本では糀カビであるが、日本以外ではクモノスカビと毛カビなのである。

この毛豆腐をつくっているところはどこなのかを店の人に聞くと、幸いなことにその店の裏にあるという。そこを教えてもらい訪ねてみると、小さな豆腐屋であった。案内されてその店の奥の方へ行くと半地下の室があり、そこで毛豆腐をつくっているという。その室に入れてもらうとムッとするぐらい湿度があり、四方の柵には稲藁が敷いてあり、その上で毛カビを生やしているのであった。そこでつくり方を教えてもらった。まず豆腐を切り分け、細く割って編んだ竹の桟の上に稲藁を敷き、そこに豆腐を隙間を空けて並べていく。いつも使っているその半地下室で行う。五日目ぐらいになると豆腐の表面に絨毯状のカビが発生し、それをさらに置いておくと菌糸が伸びて豆腐全体を被い完成となるという。毛カビは室の中に生息しているものが着生してくるので、種菌を加えたりしない。カビがどんどん生えていくと、豆腐の水分はカビに吸われていくためやや硬めになってくる。

私はその場で一個触らせてもらった。豆腐を被っていた菌糸はフワッとして、手の触れたところから豆腐にべとっと付いていく。指で押してみると表面は少し硬めであったが、中は柔らかそうである。匂いを嗅ぐと、幾分弱い納豆臭とカビ臭、さらにわずかにアンモニア臭があったが、実際だって強い臭気はない。ガブリと食べてみると、表面の方はややホクリとするが中の方はネロリとし、全体的にまっとり感があり、溶けるチーズのようだった。味は、かなり強いうま味が口中に広がり、驚くほど呈味感がある。これは、大豆のタンパク質が毛カビの分泌したタンパク質分解酵素によって分解されて、うま味成分であるアミノ酸やペプチドなどがつくられたためであろう。その気になればカマンベールチーズを食べているような感覚であった。

## 熱々をハフハフしながら

さて、その毛豆腐の食べ方を豆腐屋の主人に聞いた。まず決して生では食べないそうだ。一番多い食べ方は、表面のカビや菌糸をさっとぬぐい去り、平鍋に油を敷き、両面を少し焦がす程度に焼き、辛み調味料である辣椒醬(ラアジャオジャン)（唐辛子味噌）を付け、薬味に香菜(シャンツァイ)を添えて食べるということである。そして主人は、この近くに毛豆腐料理の美味しい屋台があるから行ってみなさい、と親切に教えてくれた。そこに行ってみると、日本の屋台とそっくりなのがあって、そこで立ち喰いさせてくれるという。

私は嬉しくなって三個注文すると、屋台のおやじさんは平鍋に油を敷き、まず毛豆腐を焼いた。次に別の平鍋に刻んだニンニクとキクラゲと唐辛子を入れ、そこに辣椒醬を加えて炒め、そこに焼いた毛豆腐を加え、全体をからめるようにして炒め上げ、出してくれたのである。その熱々を口に含んでハフハフしながら食べたのであったが、口の中で毛豆腐のトロリとした食感がたまらず、またチーズのような味も絶妙で、それをピリ辛が囃し立てるものだから、我が大脳味覚受容器はたちまち充満するのであった。

## 臭豆腐の屋台は風下に

中国の発酵豆腐といえば、よく知られているのが強力な匂いを持つ「臭豆腐」である。前述した「腐乳」も大層個性的な臭みを持つが、豆腐の上にわざわざ「臭」の字を冠するのであるからこちらはもっと凄い。他の発酵豆腐の追随を許さぬばかりか、豆腐以外の多くの発酵食品の中でもベスト五に入るほど猛烈な臭みを持っていて、鼻曲がらせの食べものである。たとえるなら、クサヤと本熟鮓とギンナンを混ぜて潰したものに、再びクサヤの漬け汁をかけたような壮絶な匂いである。ひどいたとえようだけれど、臭いもの大好きの私にとっては最大の褒め言葉なのである。

臭豆腐は、中国大陸の浙江省や福建省、さらに台湾などで食べられている発酵豆腐で、そのつくり方は、同じ発酵豆腐の腐乳とは全く異なる。臭豆腐は、あらかじめ発酵した汁に豆腐を漬けるのが基本であるが、それには二通りの方法がある。そのひとつは、納豆菌と酪酸菌で発酵させた塩汁に一度漬け込み、さらにもう一度別に発酵している塩汁の中に漬けて発酵と熟成を行うものである。もうひとつの方法は、酪酸菌や乳酸菌、納豆菌、プロピオン酸菌などで強烈な匂いを持つ漬け汁を発酵させておき、その発酵汁の中に豆腐を漬けてここでも発酵させるのである。漬け汁の中では、適度の食塩の存在下で強烈な匂いをつくる発酵菌がひしめき合って繁殖合戦を繰り広げるものだから、猛烈な臭みがつくられ、そこに豆腐を加えてさらなる発酵を促す手の込みようで、それを半年から一年間も発酵を続けるのであるから、当然激烈な臭みを持った豆腐に仕上がるわけである。

私がこの臭豆腐を初めて食べたのは、台湾の台南市へ行ったときのことであった。タクシーの運転手さんに臭豆腐を食べたいと話すと、民族路に最高にうまい専門店があると言って連れて行ってくれたのである。台南市の西門円環（ロータリー）の角から約九〇〇メートルにわたる民族路の両側には、夜になると一〇〇店を超える屋台が出て、その中に数件の臭豆腐屋がまとまってあった。タクシーがその近くに着き、降りようとすると、なんともいえない匂いが漂ってきた。「さすがに匂いますねえ」と運転手さんに言うと、台湾の臭豆腐は大陸のものより臭みが強く、その台湾の中でも台南のものは一番強いといわれる。だから風上に臭豆腐屋があると、風下の店の人はいたたまれないので、このように臭豆腐屋の屋台だけが最も風下の方にまとまって集まっているのだ、という面白い話をしてくれた。その運転手さんは、どの屋台のが美味しいのかを教えてくれたので、私はその屋台の前に立つと、確かにウワサに違（たが）わぬ強烈な臭みが立ち込めていた。

おすすめの調理で頼むと、四センチ角くらいに切ったものを油で揚げただけで出してくれた。表面はキツネ色で美しい。熱々のその臭豆腐に芥子（からし）醬油をつけ、ふーふーしながら口に入れて食べた。するとえっ、と驚いた。屋台の周りに漂っていたあの強烈な臭みは、揚げたその臭豆腐にはまったく無く、逆に食欲をそそる香ばしい匂いに大変身しているのである。そして、重厚なうま味とコクが芥子醤油によく合って実に美味しい。そのうまさをじっくり堪能してから、あの匂いの激変は一体何が起ったのかについて考えてみると、高温の油で揚げられて、かなり飛散していった上に、発酵によってできたさまざまな成分が、熱によって化学変化を起し、カルボニル化合物のような香ばしい香りに変化したためと私は考えた。まさに地獄が天国に、野獣が美女に変化したのも発酵の底力であり、発酵はマジックなのである。

　中国の人の臭豆腐の食べ方は、このように油で揚げてから芥子醤油でいただくことが多いが、中には臭い豆腐をそのまま酒の肴にする好事家もいるようだ。これは、クサヤ大好きの私にはわかる話で、さらに好きな人になると、朝食の時の粥の上に臭豆腐をのせ、それをおかずにして食べる人もいる。朝からこんな臭いものを食べるのは、うらやましくもあるがその心境はわかる。粥の上に少しの臭豆腐の小片をのせ、少しずつ箸でちぎって粥と共に食べると、その美味しさにやみつきとなるからで、朝から臭みばしったいい男になる筈だ。

　臭豆腐は、発酵菌のつくり出したビタミン群（$B_1$、$B_2$、$B_6$、ニコチン酸、パントテン酸など）を豊富に含み、また肝機能強化や疲労回復に役立つ各種の活性ペプチドも含んでいる。だから、夏バテや体調不良で食の進まないときは、臭豆腐入りの粥はいい滋養食となるとされている。私は臭豆腐が好きなもので、食べたくなると上野のアメ横や横浜の中華街あたりで買ってくる。ある時、納豆と和(あ)えて酒の肴にしてみたら、実に妙味が味わえた。臭豆腐と納豆は、共に大豆の発酵食品であり、互いの相性は抜群で、臭さも見事に融合して、すばらしい酒の肴になったのである。ただし、この肴は、よほどあの手の匂いに傾倒している者でないと受容不可能となることは間違いない。

## 琉球の秘宝

日本にも発酵豆腐がある。最も有名なのは沖縄県の「豆腐よう」である。「よう」に当たる漢字は「餻」と「餅」の二字があるので、ここでは「よう」と平仮名で書く。琉球王朝時代に上流階級で珍重されたもので、古来より慶事のときの祝いの膳に出され、また高貴な人の間では病気の滋養食としても重宝された。台湾あるいは中国の福建省あたりから入ってきた紅糀菌(べにこうじ)を使うため、豆腐には深く神秘で美しい紅が彩色される。そのため祝いの席では欠かせないものであったが、その一方で紅は琉球王朝のシンボルカラーであり、また伝統的模様染めの「紅型(びんがた)」の色と全く同じで、宮廷はこの目出度い食べものを大切に加護してきた。

私は長く琉球大学で発酵学講座の客員教授をしてきたので、豆腐ようのことは熟知しているし、幾度も製造現場に足を運んでいる。そこで知ったことは、この発酵食品は豆腐と紅糀菌と泡盛の特性を実に巧みに組み合わせた知恵深き食べもので、その色彩とマイルドな味わいは誠にすばらしく、琉球の秘宝のひとつだと言うことができる。

その豆腐ようのつくり方は、豆腐を指の一節ぐらいの厚さに切り、塩を振って布巾を被せて陰干しする。水気が飛んで表面が乾いてきたら、直径二センチほどの正方形に切り分け、再び表面が乾くまで二、三日かけて陰干しする。この間に漬け汁をつくる。紅糀（紅糀菌の胞子を蒸した米に撒いて製造したもので、実に鮮やかな紅色を呈している）を泡盛に一夜漬けておいてから擂り鉢で擂り潰し、ドロドロとなったものに好みで塩、砂糖を加えて調味したものである。こうして二、三日陰干しした豆腐は、泡盛で洗ってから漬け汁の入っている甕の中に漬け込んでいく。こうしてじっくり五ヶ月から六ヶ月ぐらい発酵と熟成をかけて完成である。

長期間発酵させると、紅糀からはさまざまな酵素が出てきて豆腐を柔らかくしたり、うま味を付けたりして、熟成も進んで味がマイルドになるのである。じっくりと味わうと深いコクとクリーミーな舌触りがすばらしく、また香りも特有の芳香が鼻孔から抜けてくる。沖縄では、これを小さな皿にのせ、泡盛の超高級な肴として珍重している。とにかく沖縄には、豆腐ように一種の信仰のようなものを抱いている人もいるぐらいで、あの紅い神秘的な発酵豆腐を健康保持の妙薬としてチビリ、チビリと毎日食べている人もいる。最近の研究では、発酵後のこの豆腐の良質なタンパク質や脂質が、泡盛のような高濃度のアルコールに対して胃壁の保護作用や、肝機能への賦活作用をしていることがわかった。またコレステロールの合成を阻害する効果があることもわかり、健康食品としての特性も期待されてきた。

## 鍾乳洞内で行われる熟成

ところで沖縄県にはあちこちに鍾乳洞がある。そのひとつが本島中部に位置する金武町の金武鍾乳洞である。五〇〇年以上の歴史を持つという名刹の金武観音寺境内にあり、私は今から三〇年も前にこの鍾乳洞を訪れた。それは、この町内に泡盛を製造する会社があり、そこで生産された泡盛を瓶や甕に詰めて、その鍾乳洞内に保管し、熟成させる構想を提案したためである。その鍾乳洞は大変大きく、二〇段の急な石段を降りた先には全長二七〇メートルの洞窟があり、洞内には「大仏天蓋」や「金銀の滝」などの美しい鍾乳石が自然美を醸している。

洞内の気温は、年間を通してほぼ一八度、泡盛の貯蔵には最適と見た泡盛製造会社は、その鍾乳洞の隅の一角を使って泡盛の熟成を開始した。その熟成酒がどんどん増えたため、今から一〇年前に鍾乳洞内の別の箇所に移動させ、熟成を続けている。実は三年前に、その泡盛会社から「泡盛を熟成しているところに豆腐ようも置き、低温でじっくり熟成を始めたので、一度見に来ませんか」との誘いを受けた。ちょうど私は琉球大学に講義に行っていたので、これは幸いと行ってみることにした。琉球大学は西原町というところにあって、大学の直ぐ下を高速道路が通っているので、それに乗って走ると四〇分ほどで金武インターチェンジに着いた。そこで国道に出てキャンプハンセン第一ゲート前を通って左折すると、目的の「龍の蔵」があった。

泡盛と豆腐ようという、名酒と名肴が一緒に並んで眠る鍾乳洞内熟成所は、天井が高く広いスペースで、そこにはボトルキープ用の一万本もの泡盛が整然と貯蔵柵に納められていた。そしてその奥の方には、白色の蓋付きポットに納められた豆腐ようが何段にも積み重ねられて、ガラス張りの熟成柵の中で静かに時を過ごしている。熟成期間は六ヶ月から一年だという。洞から出てきて、そこで熟成したという一年ものの豆腐ようを試食してみた。熟成前の、出来たばかりのものも比較のために出してもらったが、熟成前と後とでは全く違った風味があった。熟成したものは鮮やかな紅色から深く落ちついた濃いめの紅色に変化し、匂いを嗅いでみると熟成前のものは少し泡盛の匂いが残っていたが、熟成したものにはそれがなく、全体的に甘く熟した芳香が感じられた。味の違いは歴然としていて、熟成したものはとても角がとれて丸味があり、クリーミーでコクがあり、ちょうどエダムチーズとカマンベールチーズを合わせたような舌触りであった。それを肴に、同じ鍾乳洞で熟成した泡盛の四〇度一〇年古酒（クース）を飲（や）った。まったくリラックスできて、実に満足の一日旅であった。

## 五木村の豆腐博士

熊本県の上福根山（かみふくねやま）や京丈山（きょうのじょうやま）、国見岳などの山麓にある山間地、特に五木村、五家荘（ごかのしょう）（今は八代市に併合）、矢部（現在は山都町（やまと））あたりでは、昔から豆腐の味噌漬けがつくられてきて、今もあちこちに名物土産として売られている。これも立派な発酵豆腐である。そこで私は「五木の子守唄」で知られる五木村に行って、この地方の昔からの珍味の周辺を探ってきたことがある。五木村は人吉盆地の北部に位置する幽寂な地で、全域が急峻な九州山地の山々に囲まれ、その山間を清流の川辺川が流れている。昔から木材、雑穀、茶、椎茸、筍などの産地で、豆腐やその味噌漬けは農家の家々が独自につくってきた。

熊本駅から朝一番の肥薩線特急「かわせみ号」に乗って人吉駅に着いたのは午前九時一五分、約一時間四〇分の列車の旅だった。途中ずっと球磨川の清流が見渡され、すばらしい眺望だった。駅前のバス乗継所で九州産交バス五木村行に乗り換え、十一時少し前に五木村役場前バス停で下車した。そこが五木村甲頭地というところで、バスから降りて周りを見渡すと、そこは自然に囲まれた別世界を想わす風景であった。高い山々が迫り、眼下には川辺川が雄大に流れていて、その川には長い橋がかけられ、緑の空気がとても美味しい。そのバス停の直ぐ近くに、食工房や土産売り場を構えた「五木久領庵」という建物があり、そこで豆腐の味噌漬けの話を聞くことになっている。

この店には、事前に訪ねる約束を電話でしていたので、私が店に入って事情を話すと、女性の従業員が奥の応接間のようなところに案内してくれた。そこで少し待っていると、年の頃五十歳ぐらいの、事務作業服を着た男性がニコニコして入ってきた。先日電話したとき、この店の人が、「役場に豆腐の味噌漬けについては何でも知っている人がいるので、その人が対応してくれると思います」と話していたので、多分その人だな、と思った。名刺を交わすとやはり五木村役場の観光課に勤める職員の人であった。こういう場合はいつも対応する役だそうで、豆腐やその味噌漬けに前々から関心を持ち、五木村での豆腐に関する歴史やその背景、つくり方まで研究し、そして自らもつくって食べているということであった。まあ、五木村の豆腐博士ということになる。

まず私は、どうしてこの地方では豆腐の味噌漬けづくりが盛んになったのかを聞いてみたところ、次のようなことであった。五木や五箇荘などでは、古くから焼畑農業が行われていたが、大豆はその焼畑で収穫される重要な農作物であった。そのため木綿豆腐はどの家々でもよくつくり、よく食べられてきて、そのうちに「葛豆腐（かずらどうふ）」あるいは「樫豆腐（かしどうふ）」と呼ばれる固くて大きな豆腐が考え出された。この豆腐は、葛の蔓（つる）や縄で縛って土産に持ち歩けるほど固く、また樫の木のように固いというのでこの名が付いた。つくり方は、大きくつくった豆腐に重石を静かにかけ続けて、根気よく脱水し、何と一丁二キログラムの豆腐をつくるという。通常の豆腐は水をたっぷり含んでいても約三〇〇グラムであるので、いかに葛豆腐の大きさと固さと重さが凄いかがわかる。水分が多いと傷みやすいし、味噌に漬け込んでいるうちに崩れてしまうが、これだけ締めて固めれば十分耐えられる。

漬け込みはまず、豆腐を半分の厚さになるように上下二つに切り分け、さらにその厚さの四分の一になるまで重石をかけて再び水を抜く。仕込み容器に味噌を敷き詰め、その上に豆腐を並べておき、上からも味噌をのせ、豆腐を味噌で完全に囲む。こうしてそのまま半年の間、冷暗所で漬け込んで完成である。

五木村豆腐博士は、以上のような豆腐の味噌漬けのつくり方のほかに、八〇〇年前、源氏との戦いに敗れた平家の落人（おちうど）がこの地にたどり着いてきた、その落人討伐のため九州中を捜し回る源氏の目を逃れながら、貧しい生活を送る中で、保存食としてつくられたのがこの豆腐の味噌漬けである、という伝説が残っているといった話もしてくれた。私は帰るときに、その店で売っていた「山うに豆腐」という味噌漬けを買い、食べてみた。海のウニのような色とクリーミーでコクのある味もウニそっくりだというので、この商品名を付けたということである。箸先にとって口に含み、チュルチョロペロロと舌を使って溶かすようにして味わってみた。すると口の中で、その山うにはゆっくりじっくりと溶けていき、そのうちにそこから湧き出てきた優雅なうま味と微かな甘み、熟れたうまじょっぱみ、上品なコクなどが口いっぱいに広がってくるのであった。クリーミーでマイルドな感覚も評判通りであった。

## 第 17 章

# 「塩辛」という秀逸

日本人は世界の民族の中で、最も魚介類を食べる魚食民族である。そのため魚の食べ方にも昔から知恵と工夫が織り込められてきて、内臓や粗までとことん食べ尽くしてしまう手法を持っている。その技法のひとつが塩辛という発酵手段である。正確に数えた人はいないだろうが、おそらく食べている魚介の種類から推定すると200種類の塩辛は食べられているであろう。写真は北海道のサケ（鮭）の腎臓を使った「メフン」という塩辛をほぐしたものである。サケの中骨に添って張り付いている黒くて長い帯のような腎臓を塩漬けにして発酵させたものであるが、これがまたご飯のおかずにしても酒の肴にしても秀逸な珍品なのである。

## ドロドロを通り過ぎてビジャビジャ

魚介類や野鳥を塩の存在下で発酵させた塩辛も独特の風味を持っていて、酒の肴にしても、飯(めし)のおかずにしても魅了させられる嗜好食品である。学問的説明では「魚介類や野鳥の内臓、筋肉などに高濃度（一般的には一〇パーセント以上）の食塩を加え、腐敗を防ぎながら、その間に自己消化酵素と発酵菌の作用によって原料のタンパク質を分解、消化してうま味を熟成させたもの」となる。この間に起こる発酵は、消化酵素による分解発酵と、空気中などから侵入してきた耐塩性乳酸菌や耐塩性酵母による微生物発酵の二つである。塩辛といえばイカの塩辛やタコの塩辛、カツオの酒盗(しゅとう)などは一般に知られたものであるが、私がこれから述べるのは、あまり知られていない幻の塩辛を食べたり、あるいは調べたりして日本国中を行脚してきた話である。

秋田県大潟村は、八郎潟を干拓したときにできた広大な土地の上につくられた村で、干拓地の大きさは日本一だという。私はそこの村長さんから招かれて、初めて大潟村に行ったとき、信じられないほど珍しい塩辛と出合って大感激したことがあった。夕食会は私の歓迎会的様相を呈し、村長さんはじめ村の重役連や農民青年将校のような活発な人たちと賑やかに飲(や)っているとき、村長さんは突然、

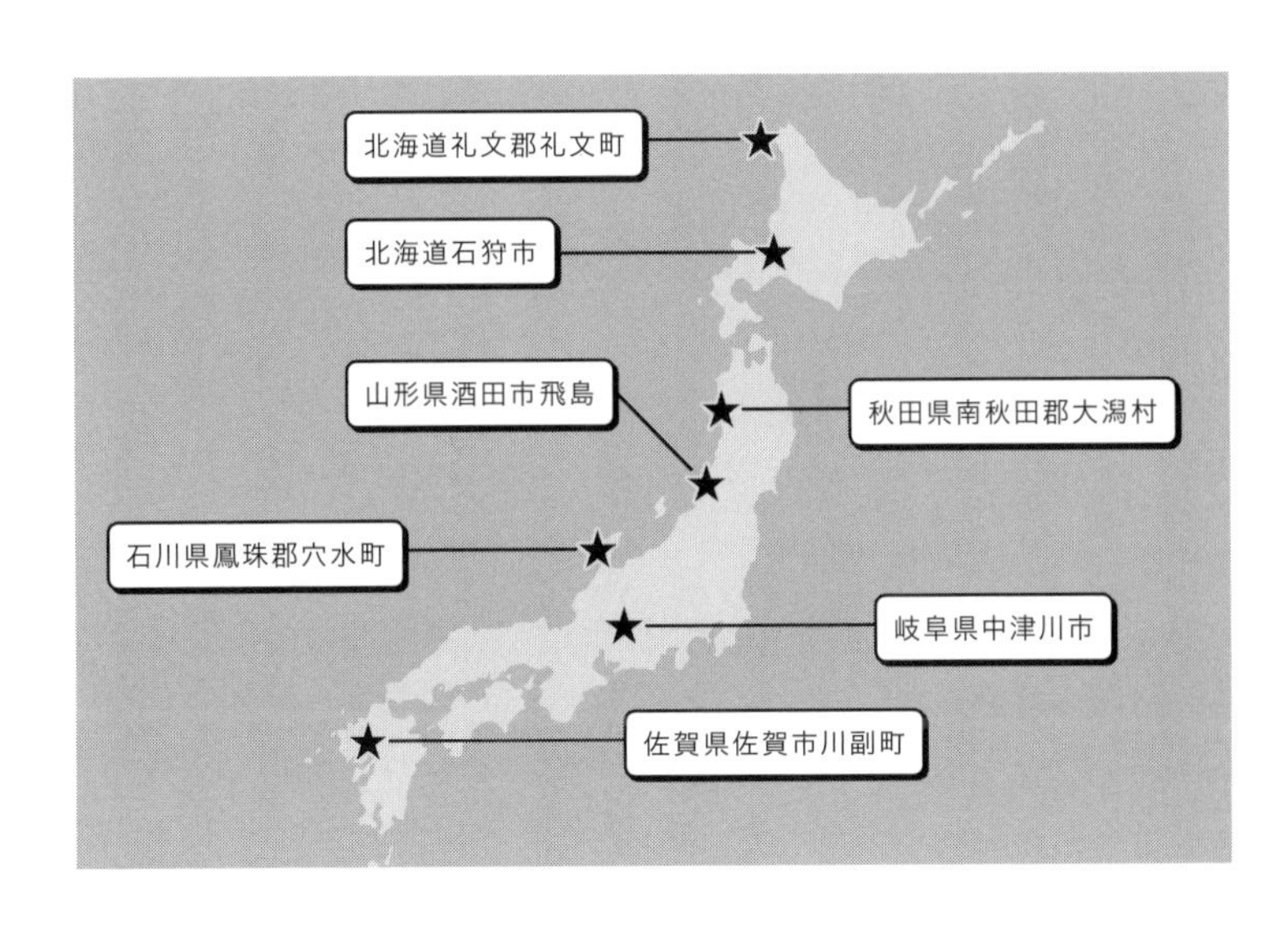


「先生はイシャジャの塩辛食ったごとあるすか？」

と聞いてきた。

「いやないです。それどんな塩辛ですか？」

「ミジンゴの塩辛だど、食ねが（食べませんか）？　とでもかまり（匂い）がくしぇ（臭い）けんどさ」

「も、もちろん食ってみたいです」

「あそが。へればｔ（それじゃ）持ってきてもらべ」

そう言うと村長さんは、それをつくっている友人にその場で電話し、そのイシャジャを持ってきてもらった。自家製なので小さなタッパーに入れて持ってきたのだったが、村長さんはそれを友人から受けとり、

「先生、これだ。イシャジャ」

と言って私にタッパーごと渡してくれた。受け取って直ぐにその蓋を開けたとたん、ワーッと音を立てるほどの凄い匂いが私の鼻めがけて攻め込

んできたのである。ところが気を落ちつかせて嗅ぐと、その匂いはクサヤの漬け汁に酷似していて、まさにこの手の匂いが大好きな私は驚くと共に感動したのであった。なおも嗅いでいると、だんだんと食欲が湧き出してくるのは、多分にクサヤを思い起こさせたからであろう。その塩辛はかなり溶けていて、ドロドロの状態を通り過ぎてビジャ、ビジャの半液体状であった。

　持ち込んで来た佐藤さんという人につくり方などを聞くと、次のようであった。田圃（たんぼ）に水を引くために流れている小さな水路に、絹布を張った網目の細かい篩（ふるい）を置き、そこに集まったミジンコに塩を加えて発酵させたのがイシャジャだという。つまりミジンコの塩辛というわけだ。いわば稲作民族の珍味のようなもので、今は八郎潟の農民文化のひとつとして残っているという。そのミジンコというのは淡水で捕れるアミ（醬蝦）の一種で、体長二〜三ミリメートルの動物性プランクトンである。私はその塩辛に人差し指をチョンとつけ、それを口に含んで味を見ると、それは実にうま味が濃く、幾分の酸味もあり、塩角（しおかど）はとれていてマイルドさがあった。そこには間違いなくすばらしい発酵が成立していた。

　淡水産のミジンコでこれほどすばらしい塩辛ができるのに大変感心し、佐藤さんにもっと詳しいつくり方を教えてもらった。田圃で集めた新鮮なミジンコをよく水洗いしてから、細かい布目を持った木綿布を敷いて水を切る。そのミジンコ一升に二〇〇グラムの塩を加え、よく混ぜてから蓋付きの容器に入れ、一ヶ月間発酵させる。これぐらいの発酵期間であると、匂いがそう強（きつ）くないから万人向きだが、もっと強い匂いを好む場合は、加える塩を少し多めにしてから、半年から一年漬け込むと本格派が出来上がるという。その時に佐藤さんからいただいたイシャジャは、一年近く発酵させたものだというから、匂いも味もハードボイルド的にしっかりと醸されていたのであった。

八郎潟周辺の人たちは、このイシャジャ（秋田市の方ではイサジャと呼ぶ人もいる）をご飯のおかずにしたり貝焼き（かや）の味付けにしたりして賞味している。貝焼きとは、大きなホタテ貝の殻を鍋代わりにして、そこで魚や鶏肉、豆腐、野菜などを炊いて食べる郷土料理で、このときの味付けにイシャジャを使うということである。

## ツグミが無理ならヒヨドリで

野鳥の内臓を使った塩辛は大変珍しいものである。岐阜県飛驒や奥飛驒地方は、海から遠く離れた山あいの地で、山の生活文化を色濃く持つ地域である。その地に、今は姿を消してしまった実に珍しい珍味があった。野鳥のツグミ（鶫）を使って発酵させた「ツグミウルカ」（鶫鱁鮧（つぐみうるか））という塩辛である。今は、ツグミは保護野鳥で、捕らえることは法律によって禁じられているが、昭和三十年代までは自由であったので、樵夫（しょうふ）や猟師たちは大いに捕らえて食べていた。貴重なタンパク源であり、収入源であり、楽しみでもあった。ツグミのほかキジ（雉）、ヤマドリ（山鳥）、シギ（鴫）なども特段美味だったので、捕らえて食べたり売ったりした。捕らえ方が巧妙になると、それに伴って調理法や料理法も多彩となった。そのような野鳥料理の中で、珍しさも手伝ってか酒客を最も喜ばせたのが、酒の肴としてのツグミウルカであった。

　そんな幻の珍品ならどうしても食べてみたくなった。だがツグミは禁鳥なので到底無理な話。でも万が一ということもあるので、岐阜県恵那市に住んでいる友人に相談してみた。すると、山の奥で野鳥料理や鹿、猪(いのしし)、熊料理をやっているジビエ料理屋を知っているから聞いてみるよ、という話だった。数日後、連絡があって、ツグミは無理だが、それに似た野鳥でヒヨドリ（鵯）ならつくってやるよ、と言っていたというのである。それをつくってくれる人は、店を息子にまかせて引退しているそうだが、昔はツグミウルカづくりの名人だったそうだ、という嬉しい返事だった。

　そこで私の行く日を決め、先方ではヒヨドリを捕る日を決め、それが合致した日ということに決まった。もし、その日にヒヨドリが捕れなかった場合には、あらかじめ捕ったものを冷凍しておき、それを解凍して使うということになった。東京から新幹線で名古屋まで行き、そこで中央線の快速中津川行に乗り換え、終点で下車。駅の改札口で待っていた友人ら三人と落ち合い、トヨタの四駆ランドクルーザーに乗っていざ出発。約一時間も山道を走り、やっと目的地のジビエ料理屋に着いた。待っていてくれたのは、引退して悠々自適の御隠居さん。年齢七十三歳といってもまだまだ現役のように若い。嬉しいことにヒヨドリ三羽を用意してくれていた。しばらく茶を飲んだりして歓談し、では早速つくるところを見せてもらうことにした。

　まずヒヨドリの羽をきれいにむしり取り、丸裸状にした。それを俎板(まないた)の上にのせ、腹に鋭利な小刀包丁を入れて裂き、中から心臓、肝臓、腎臓、胃袋、食道、大腸、小腸などすべての内臓を慎重に取り出して脇に置く。肉身の方も上手に切り分けて、素焼き、塩焼き、吸いものの実、炊き込みご飯などに使う。内臓は、肝臓と腎臓は細い竹串に刺して塩焼きにし、頭と食道は互いを付けたまま山椒焼きにする。そしてウルカには心臓と腸を使う。心臓はよく叩いて細片にし、腸は手でしごいて内容物をしぼり出してから一度水で洗い、これもよく叩いて細かく切り、心臓と合わせてから小さな壺のような容器に入れ、塩を加えて仕込みはそれで終了。あとはそのまま発酵させるという。三羽分をつくったが、出来る量はほんの数グラム。昔は大量のツグミからつくったのだろうから客に出せたのであろうが、あまりにも貴重な塩辛である。塩の添加量は魚の塩辛よりかなり多いように見えたが、腐敗を防ぐためと、長期間発酵と熟成をさせる必要があるからだということである。こうして冷暗所で二ヶ月間発酵と熟成をさせると、絶妙のうま味と風味が出てきて、酒の肴にはもって来いというものができるという。私たちは、その料理屋で鹿のステーキと熊料理に舌鼓を打ち、二ヶ月後の再会を誓った。

## 小匙一杯分に込められた野鳥の底力

その二ヶ月後、再び中津川駅で三人と合流し、山の奥のジビエ料理店に行った。すぐに御隠居さんが出て来て、

「よくおりんさった。どえれーうまいのできおったで」

と嬉しい挨拶。部屋に通されて待っていると、さすが御隠居さんは気が利く。熱燗を徳利に四本、盃四個が運ばれてきた。するとほどなく御隠居さんがヒヨドリウルカの入っている壺を持って来た。そして容器の蓋をとり、小さなスプーンでウルカを小手皿四枚にそれぞれ分けてのせてくれた。その量は、小匙で一杯分ほどであった。その塩辛は、仕込んだときよりは色がかなり黒ずんでいたが、これは発酵がしっかりとなされてきた証しであろう。

私はまず、小手皿を持って鼻に近づけ匂いを嗅いでみた。すると、この手の発酵物にはかなりの臭みがある筈なのだけれどもそれがまったく無い。ただ発酵した香しき匂いがほんの少し漂っているだけである。次に箸先にその塩辛をとり、口に入れて食べてみた。口に入れると少しヌメリを感じ、口の中に漂う心臓と大腸の小片を前歯で嚙むとコリリ、コリリとしてきた。するとその直後、口の中には塩なれした濃いうま味がジュワワーンと広がってくるのであった。とても生の内臓では味わうことのできない、発酵の底力を見せつけられた思いである。こんな少量なのに、これだけのうま味を感じさせるのは、やはり野鳥肉の特性なのであろう。ここで日本酒の燗酒をコピリンコといただく。するとそれが、口の中できれいさっぱりとヒヨドリウルカの味を流してくれる。ツグミウルカはきっとこんな味だったのだろうと、そんな少量の塩辛だったが満足の飛驒路を堪能することができた。

## 日本三大珍味のトップ「コノワタ」

江戸時代から言われている日本三大珍味は、「能登のコノワタ（海鼠腸）、肥前長崎のカラスミ（唐墨）、越前のウニ（雲丹）」とされてきた。その中で私は、酒の肴に最も合うと思うコノワタが大好きで、これをつくっている伊勢湾や三河湾、瀬戸内などを訪ねて取材してきた。そして石川県能登半島の穴水町にある森川仁右衛門商店の森川仁久郎店主と知り合い、コノワタに関するさまざまな知識を得ることができ大いに勉強になった。江戸時代、加賀藩から徳川将軍家へ献上したコノワタが森川家の品で、その歴史も一流だが味も超一流だった。

「海鼠腸」と書いて「コノワタ」と読み、ナマコ（海鼠）の腸を塩と共に発酵、熟成させてつくった塩辛の一大珍味である。つくり方は、ナマコを生け簀で泥を吐かせ、それを小刀で割って腸管を採取する。得られた腸管をよく洗浄後、一〇～一五パーセントの食塩を加えて漬け込み、熟成保蔵して一〇日から一ヶ月ぐらいで製品とする。竹筒や小型の樽といったしゃれた容器に詰めて売られていて、酒の肴ばかりでなくご飯のおかずにしてもこの上ない珍味である。

ナマコの異称が「こ」で、その腸であるから「このわた」と呼ぶようになったが、その歴史は極めて古く、奈良時代の文書にすでに記述されている。原料となるナマコは老大のものより若いものの方がよく、また寒中のものが極上とされている。製品は黒ずんだものより鮮黄または黄褐色がよく、腸の線条腺がはっきりして長いものが絶佳の目安である。通人に言わせると、ナマコから抜きとった直後の生のままを、スルスルと啜るのが絶妙だというが、私はやはり塩と共にじっくりと発酵、熟成させたものの方に軍配が上がると思う。

能登地方に奈良時代から伝わる、コノワタの正当なつくり方は次の通りである。十一月六日から四月十五日までの漁期に採捕したナマコをただちに生け簀に入れ、一夜畜養して砂や泥を吐かす。その際、生け簀を海底から一メートルほど浮上させて張っておくのは、一度吐いた泥などを再び吸い込まないようにするためだという。ナマコからの脱腸は、従来は「脱腸刺し」といって、米屋が俵を引っかけるような刺し手を肛門から突っ込み、内臓をからませて引き出していたが、今は半切り桶の中で小刀で腹部を三、四センチくらい切り込み、肛門部の反対側から指頭(しとう)(指の先)でしごき出して採取する方法が多くなった。脱(ぬ)き出した腸は、海水でまず洗浄する。その要領は、腸の先端の口の部分を太い木箸でつまみ上げ、人差し指と中指で腸管を軽く挟む。そして下方に向かってゆっくりとしごき出して腸管内に残っている内容物や砂泥を排除するのだが、ここが熟練を要するところ。力の加減では腸が切れたり、からまったりして、十分に砂泥を除けないことも多いからである。塩漬けは籠または目の細かい簀の子にのせ、一〇~一五パーセントの食塩を混ぜ、水分を滴下させて水を切る。一時間ほどしてからさらに一〇~一五パーセントの食塩を加えて保蔵し、早熟のもので一週間、完熟のもので一ヶ月保って製品とする。この保蔵期間の間に何が起こるかというと、まずナマコの腸に存在している酵素が自己消化作用を起して、自らのタンパク質を分解してうま味成分であるアミノ酸を蓄積させる。三日目ごろからはそこに耐塩性の乳酸菌を主体とする耐塩性発酵菌群がゆるやかに増殖を開始し、さらなるうま味成分を引き出してくれるのである。

今では、コノワタはびっくりするほど高価な超高級珍味となって、そうめったに口にできるものではないが、もし幸運にも手に入ったら、一度だけでよいから「コノワタ酒」を楽しんでみてはどうか。湯のみ茶碗に適宜のコノワタを入れ、そこに熱々の燗酒を被せてかき混ぜ、コピリンコするのである。特有のうま味に、磯の香りと酒の芳香とが融合し合い、絶妙の風味が楽しめる。

## 純米酒のお燗をチビリチビリ

北海道石狩市は、我が国有数の鮭の水揚げ高を誇るところであるが、その石狩市新町という、石狩燈台に近いところに「金大亭(きんだいてい)」という鮭料理専門の料亭がある。一五〇〇年の歴史を持つ老舗で、「石狩鍋」発祥の店として知られている。実は、私は札幌市にも仕事場を持っていて、また石狩の「金大亭」の直ぐ近くには魚の発酵に関して研究することのできる施設もあり、そこにも出入りしている関係でその老舗には時々食事に行っている。その食事のときに必ず出してくれるのが、鮭の中骨に沿って長く連なって付いている血合い、すなわち腎臓の塩辛である。それを昔から「メフン」と呼んで地元の人たちは珍重してきたのである。私は「金大亭」に行くと、このメフンを肴に熱燗で飲るのが楽しみで、これはとても美味い。

メフンについては、すでに江戸中期の『本朝食鑑(ほんちょうしょくかん)』に次のように記されている。「背腸、セワタと訓(さと)す。ミナワタとも訓す。丹後、信濃、越中、越後ともにこれを貢(こう)す。今のシオカラにして味もまた佳なり」。北海道よりも、むしろ本州の日本海沿岸で多くつくられていたようだ。海に面していない信濃でもつくられていたのは、鮭のほかに川に遡上した鱒でもつくられていたのだろう。今の北海道のものは「メフン」と呼ぶが、その語源はアイヌ語の腎臓を意味する「メフル」に由来しているのではないかと見られている。「背腸」、「血腸」は昔から本州の呼び方である。黒褐色でドロドロとしていて、見た目は何となくよくないが、酒の肴にすると、そのあまりにもすばらしい相性に感動すら覚える。勿論ご飯のおかずにしても実にうまい。使われる魚は白鮭、紅鮭、鱒などであるが、白鮭の産卵期のものが極上品とされる。

そのつくり方は大要次のようである。原料鮭を腹開きに調理した時、出てくる中骨には黒褐色に凝固した血液のかたまりのようなものが帯状に付着しているが、これが腎臓（メフン）で、そこを上手に外しとり、低温度の希薄塩水で手早く洗い、汚れなどを除いてから十分に水切りする。このメフンの重量に対して三〇パーセントほどの食塩を加えて塩漬けし、浸出してくる液が流出しやすいようにして三〇時間ほど置く。こうしてメフンは脱水され固まってくるので、それを静かに取り出して再び冷たい希薄食塩水で洗って余分の残塩を除き、含有塩分量を一二パーセントぐらいまで落とす。次にこのメフンをスダレの上に薄く並べて陰干しし、メフンの表面が固まって光沢が出たときに桶に入れて蓋をする。この間に、静かに発酵が起こってくるので、初期の五日間ぐらいは日に一回か二回上下を入れ替えるなどして発酵の均一化を図り、その後は密閉して貯蔵し二週間ほどして出来上がりとなる。

やや発酵臭が強いが、食べ慣れてくるとメフン特有の香りと、奥の深いうま味を味わうことができる。食通の中には、多くの塩辛製品の中ではメフンが最上のものと位置付けて珍重している人もいる。私も酒の肴として大好物で、味の濃い純米酒あたりを燗をして、メフンを肴にチビリチビリと飲る時など、つくづく日本人であることに感謝するのである。

## 発売と同時に売り切れのウロの塩辛

その北海道でのことである。四月下旬のある晴れた日の早朝、私は札幌の自宅から車で稚内（わっかない）に向かった。北海道を主題にした随筆を書くための取材である。途中、石狩、浜益（はまます）、増毛（ましけ）、留萌（るもい）、羽幌（はぼろ）、天塩（てしお）を通過してひたすら国道二三二号線を北上、全長三三三キロメートルのオロロン・ラインを約六時間かけて走り続け稚内に着いた。左手には手の届くほど近くに雄大な日本海が迫り、右手には高い山々からの断崖が攻め寄っている。その断崖の途中途中では、「白銀（しろがね）の滝」を代表に大小の滝を見ることができ、その白瀑が美しかった。その日は稚内に泊まることにして、宿の近くの居酒屋で一杯飲っていたら、先付けに出されたウロの塩辛が実に美味なのには驚いた。ウロとはアワビ（鮑）の肝のことで、その塩辛は肝の姿のままピロロンとした形で出されてきた。黄褐色でむっちりと肥え、光沢している。それを箸でつまみ、肝の隅の方を前歯で噛み切ると、肝袋が破れて、そこからトロトロと内容物が流れ出てきた。すると瞬時に、鼻孔からは海藻と潮の匂いが抜けてきて、口の中ではクリーミーなその内容物から優雅で濃厚なうま味とコク、熟れた塩味などがジュルジュルと湧き出してくるのであった。それがまた実に燗酒とよく合い、これは凄い肴を見つけたぞと思った。

そこで店の主人に、どこの産かと聞くと礼文島にある「礼文島船泊漁業協同組合」というところで製造、販売していると教えてくれた。私を惑わすウロの塩辛と出合ってしまったからには、もうじっとしていられない。その場で明日礼文島に行ってみることに決めたのである。翌朝、稚内港午前七時三〇分発鴛泊行のフェリーに乗った。鴛泊は利尻島にある港だけれど、フェリーはその手前にある礼文島経由なので香深港で下船した。香深には午前九時に着いた。礼文島は東西約八キロメートル、南北約二六キロメートルの島で、香深港は南の方、礼文島船泊漁業協同組合のある船泊は北の方である。フェリーターミナルの従業員にその漁協へ行く方法を聞くと、このターミナルの前から一〇時五〇分に船泊行の路線バスが出るというので、その辺りを散策しながら時間を潰し、やっとやって来たバスに乗った。乗るときに、運転手さんに礼文島船泊漁業協同組合に買いものに行きたいが、どこで降りたらいいのか聞くと、空港の先に「金田ノ岬」という停留所があり、そこに漁協直営の店がある。そこで土産を買い、食事もできるということであった。空港といっても今は休港中である。

こうして香深からバスに乗り、四五分ほどでその直営店に着くことができた。その店内で早速お目当ての「アワビのウロの塩辛」を捜したのであるがどうしても見つからない。そこで店員の女性に聞いてみると、誠に残念な返事が戻ってきた。天然アワビの漁は毎年十月～十二月までの三ヶ月で、ウロの塩辛の販売は十二月中旬までと決まっているそうだ。資源保護のため水揚げ量は決まっていて、従って塩辛の生産量には限りがあるという。さらにびっくりしたことに、発売と同時にたちまち売れてしまうので数量限定で再販売はしない。リピーターさんも多く、販売即日で売り切れの状態です、ということであった。どうしてそんなに人気があるのかを聞いてみると、ここの天然アワビは超ブランドの利尻昆布を餌にして育つので、ウロにも濃厚な昆布のうま味が凝縮されていてとても美味しいのだ、ということである。そう言われてみれば、昨夜居酒屋で味わったものも、確かに昆布味がして美味であった。せっかく礼文島までやって来たのに手に入れることができなかったのは実に残念ではあったが、調査不足に衝動心が重なるとこういう結果を招くことにもなるのだ。私はその漁協の食堂で昼食に海鮮丼を食って、すごすご稚内に戻ってきた。

## イカとサザエのダブル発酵塩辛

私の珍品塩辛行脚の旅はまだ続く。江戸時代末期から、今の山形県酒田市沖に浮かぶ飛島（とびしま）で大変珍しい塩辛がつくられていることがわかった。調べてみると、今でもそれがつくられているということもわかり、行ってきた。それはイカの腸とサザエの肉身でつくった塩辛で、まったく異なった二種の魚介を使い一つの塩辛にしてしまうところがユニークで、その正統なつくり方は次の通りであった。イカのコロ（肝臓）に付着している墨嚢（すみぶくろ）部を潰さないように除去し、コロだけを取り出す。袋を破らないように注意しながら海水で洗い、よく水を切ってからそれを木桶か樽に入れる、そこに二〇パーセントほどの食塩を加え一年間発酵と熟成をさせる。これとは別に、サザエを脱殻（だっかく）してからむき身の正肉だけを水洗いし、二五パーセントの塩を加え、重石をして二ヶ月間発酵させる。そのむき身一個を四～五片に薄切りし、淡水中で五～六回換水して塩を抜き、水切りする。イカのコロを発酵させて一年経ったら、浸出液の清澄部分だけを抜き取って採取し、それを塩辛液とし、それにサザエの切り身を漬け込み、二～三日置いてからビンに詰めて製品にするのである。

つまり、この塩辛は、発酵させてつくったイカのコロの塩辛液に、発酵させてつくったサザエの肉身を漬けて、それでサザエの塩辛をつくるわけである。二種類の塩辛を使って一種類の別個の塩辛をつくるという、ダブル発酵塩辛なのである。その食べ方は、ご飯のおかずにしたり酒の肴にしたりするというが、かなり塩辛いので、たっぷりの大根おろしを添えるとよいということであった。私もそれに従い、ビン入りの塩辛を買ってきて、ご飯のおかずに大根おろしと食べたところ、とても食が進んだ。さらに、ビンに残った汁を納豆にかけて食べてみたところ、驚くほど美味しくなってびっくりした。この残り汁は鍋料理の調味料にも使えるだろう。私はこの塩辛を使ってある料理を考えた。それは、サザエの身をさらに小さく細片し、汁と共に炊き込みご飯の具としたのである。するとそれは見事に正解で、とても野趣満点の炊き込み飯（めし）となった。このサザエの塩辛も十月下旬に蔵出しするというが、あっという間に売り切れ御免ということも多いという。

その飛島から同じ日本海を二四〇キロメートルほど南下したところに新潟県柏崎市がある。あるとき、この市にある老舗の造り酒屋を訪ねたことがあり、帰りにその町で見つけて買ってきた「鯛の子印魚卵の塩辛」はなかなか秀逸であった。田塚屋という会社でつくられていて、鯛や鯖の卵巣を塩辛にした昔からの伝承づくりのようで、かなり塩辛いが味わい深く、クセになる塩辛であった。私はキュウリを二本に割って、そこに挟めて食べたところ、なかなかの美味で、またパスタに和えてもすばらしい塩辛であった。

## 一番印象深かった塩辛、ガン漬け

さて、私がこれまで出合ってきた日本の塩辛の中で、一番印象深かったのは佐賀県有明海一帯でつくられている「ガン漬け」、あるいは「カニ漬け」、「ガネ漬け」、「ガニ漬け」、「真ガニ漬け」と呼ばれている誠にもって野趣満点の塩辛である。佐賀市川副町、鹿島市、白石町、太良町といった有明の海に近い家々で昔からつくられていた伝承の郷土塩辛である。一説では、粗衣粗食を旨とした葉隠の精神から、藩主鍋島家では一朝有事に備えて領民の美食を強く禁戒していた。そして、日頃からなんでも食べられる習慣をつけさせるために、有明海の干潟や砂浜にゴロゴロといる小ガニ（蟹）を領民に食べさせた、いわゆる封建藩主の政治的遺産がこのガン漬けだという面白い解釈もあったという。

私は今から約四〇年も前にこの塩辛に出合って以来、大好物になり、幾度も佐賀郡川副町（今は佐賀市に併合）を訪れ、そこでガン漬けをつくっている漬け物屋さんを何軒か訪問して見せてもらってきた。有明海の干潟には小さなカニが沢山生息していて、それを原料にするのである。当時は専門のカニ捕り職人がいて、それを捕ってきて漬け物屋さんに売る。漬け物屋さんはそれでガン漬けをつくるという構図であった。使うカニはシオマネキの仲間で、アリアケガニやヤマトオサガニ、ガネツケガニ、マガニなどである。そのつくり方が凄まじかった。まず生きたままのカニを半切桶に入れた水でよく洗い、笊にあけて水を切り、腹部のいわゆるフンドシと称する部分を土砂の除去のために取り去る。小さなカニ一匹一匹のフンドシを取り去る作業は見るからに大変そうだった。フンドシを除去してからは水洗いせずに臼の中に入れ、そこにカニの重量の三〇パーセントの食塩と、これも大量の粉唐辛子を加える。そして杵で餅を搗くように何度も振り下ろしていってカニがドロドロ状になるまで搗き潰していくのである。それを蓋付きの小桶に入れ、半年間発酵と熟成を行い、小瓶に詰めて出荷する。

発酵前のものは濃い褐色をしており、舐めてみると非常に塩っぱく、また唐辛子のために激辛だけれど、その中にカニの濃厚なうま味とコクがしっかりと入っていた。ところが発酵と熟成したものは、とたんに風格が出てきて、色はかなり黒くなり、匂いはいかにもカニの塩辛、といったような発酵香が出てきている。うま味は濃厚でコクがあり、唐辛子の辛みと塩のしょっぱ味は角がとれて丸くなり、すばらしい塩辛に育っていた。商品化して瓶に詰めたものには、カニを粗く砕いたタイプ、あるいはペースト化したタイプがあり、粗く砕いたものはガリガリとした食感が楽しい。細かくしたりペースト化したものは、さまざまな料理の隠し味となり、一流シェフも降参だ。私は、この塩辛が手元にあるときには大概味噌汁に入れる。すると味噌汁の風味は俄然パワーアップして、全く別のものの汁に変わってしまう。さらに冬などは鍋料理に少し加えると、とたんにカニの風味が付いて美味しいだけでなく、体がポカポカと温まる。また刺身や握り鮨を食べる時に醤油代わりに使うのも面白く、パスタにアンチョビ代わりに使うのも絶妙である。

　だが最近は、このガン漬けという至高の塩辛をつくる人が少なくなり、なかなか入手困難になってきたのは大変残念で悲しいことである。まったく消えて無くなったのかといえばそうではなく、まだこれをつくって販売している業者は数軒残っているのであるが、世界に類例のないこの珍しい塩辛を有明海の文化遺産として保護していくべきであると私は思っている。

## ウルカを「暁川」と書く粋

　アユ（鮎または香魚）の臓器や卵巣を塩辛にしたのが「うるか（鱁鮧）」である。アユの獲れる地方では、大概はこれをつくって酒の肴に珍重したり土産にしたりしている。私もこの珍味を肴に一杯飲るのが大好きで、これまで九頭竜川（福井県大野市）、久慈川（茨城県大子町）、玉島川（佐賀県唐津市）、長良川（岐阜県郡上市）、三隈川(みくまがわ)（大分県日田市）、四万十川（高知県四万十市）などのアユの名所で、その土地の地酒の肴に一杯飲ってきた。その土地、土地で味わってきたウルカはそれぞれに異なった風味と個性を持っていて、とても楽しかった。これまで味わってきたウルカから得た知識を私なりに解説する。
「ウルカ」は、用いる部分によってさまざまな種類があることを知った。「子ウルカ」といえば卵巣だけでの塩辛、「白ウルカ」は白子（精巣）だけでの塩辛、「泥ウルカ」は腸や内臓を水洗いせずそのままでつくった塩辛、「苦ウルカ」は腸や内臓をよく洗ってつくった塩辛、「切り込みウルカ」は魚体を内臓ごと切り込んで塩辛にしたものである。どこの料理屋でも、ウルカの種類を指定せずにおまかせウルカにすると、出てくるのは大概「泥ウルカ」か「苦ウルカ」だった。「ウルカ」といえば、大半はこのウルカのことなのだろう。

ウルカを「暁川（あけのかわ）」とも書くのは、未明の川で獲ったアユの腸を良質とするゆえの雅称である。アユは、昼間に採食するが、川藻の中に混入していた土砂は夜のうちに吐き出す性質から、暁の川のアユは腸が清浄だというのである。まったく粋な命名だ。長良川で聞いた話だが、この川のウルカには必ず若アユを使うことを鉄則としているという。中でもその若アユの「苦ウルカ」は絶品で、通の酒客ともなると、これだけを酒の肴として他のアユ料理にはほとんど手をつけないといった話も聞いた。ウルカの品質は、アユの成長度、川の水質、獲れた場所、獲れた月、獲れた日の天候が大きく影響してくるともいわれている。従って最高品は、若アユであること、川の水は晴天続きで濁っておらず、美麗な川藻の生えている場所、そして時期は五月中旬から六月までのもの、ということになっている。

# あとがき

発酵学を学び、そして教えてきて50年が経った。これまでずいぶんと日本国内や海外に足を運んで発酵食品を調査し、食べてもきた。その調べごとについては、多くの学術書や報告書に書いてきたので、学者としての役割は一応果たせたものと思っている。

しかし、どうしても心に残って忘れがたい発酵食品の思い出やエピソードは、敢えて心の中に仕舞い込んでおいたり、ノートに封じ込めておいたりして、然るべきときに私のライフワークの最終章として発表しようと計画していたのである。それが本書というわけで、気楽な紀行文的な雰囲気で書き上げられたのは、とても幸いだと思っている。

読者諸兄姉が、発酵食品の世界はこんなに奥が深く、またこんなに驚くべきことがあったのかと、本書から新鮮な知識を汲み取っていただければ誠にもって嬉しいことである。また、私がこの本を書き上げるにあたり、一冊の参考文献も参考図書も使わず、全て私の足と目と口と鼻と手で行って、見て、味わって、嗅いで、触ってきたままを記述することができたということ、さらに三枚の写真（豆味噌と合掌造りと床下穴）を提供いただいた以外、他の全ての写真は私のものであることなどは、著者としての誇りだと思っている。読者の皆様には最後の1行まで読んでいただきありがとうございました。また、本書を刊行するにあたり、（株）文藝春秋ノンフィクション出版専門部長吉地真様には多大なるお世話を頂戴致しました。ここに心より感謝致します。

本書は書き下ろしです。

小泉武夫（こいずみ・たけお）
1943年福島県の酒造家に生まれる。専攻は醸造学、発酵学。現在東京農業大学名誉教授、鹿児島大学、福島大学、石川県立大学などの客員教授。NPO法人発酵文化推進機構理事長。『発酵食品礼讃』『超能力微生物』（ともに文春新書）、『発酵』（中公新書）など著書多数。

最終結論「発酵食品」の奇跡
二〇二一年七月一五日　第一刷発行

著　者　小泉武夫
発行者　島田　真
発行所　株式会社　文藝春秋
〒一〇八-八〇〇八
東京都千代田区紀尾井町三-二三
☎〇三-三二六五-一二一一
印刷所　理想社
付物印刷所　萩原印刷
製本所　萩原印刷


ISBN978-4-16-391399-5